⊙ 接線方法

製作中途要接線時，舊線請預留 15 ～ 20cm 左右，然後將新線和舊線如圖所示般打結。打結處為防脫落，可塗上黏膠加以固定。

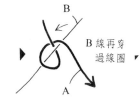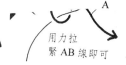

繞 B 線一圈 · B 舊線 · A 新線 · B · B 線再穿過線圈 · A · A · 用力拉緊 AB 線即可 · A

⊙ 鍊頭夾的用法

在鍊頭夾中穿過釣魚線或串珠用線，再串上無法通過鍊頭夾小孔的圓形小串珠，或是在前端打上無法通過鍊頭夾孔的小結（1 條線時約需打 5 次結，2 ～ 3 條線時大約只需打 2 ～ 3 次結即可），然後以黏膠固定打結處。接著用鉗子夾合鍊頭夾，並將鉤子根部橫向弄倒，再將鉤子夾緊使其密接呈一圓形（在需要使用鍊頭夾作品的材料中，請注意並不包含處理鍊頭夾用的小串珠）。

串入小串珠或製作結點，必須能塞住鍊頭夾的小孔。

打結處以黏膠固定

將鍊頭夾中的釣魚線或串珠用線調整拉緊後，剪短線頭。

鍊頭夾是為了固定釣線或串珠用線線頭時使用。

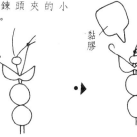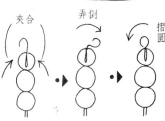

黏膠 · 夾合 · 弄倒 · 摺圓

⊙ 9 針和 T 針的用法

將 9 針或 T 針穿過串珠後，穿出的針彎摺成直角。然後在距根部 8mm ～ 1cm 左右處剪去多餘的針，再用尖嘴鉗將預留的部分彎摺成圓形。彎摺時儘可能讓接頭不留空隙地接合。

★下圖雖然是以 9 針說明，但是 T 針也是相同的用法。

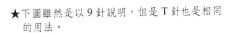

弄倒 · 8mm ～ 1cm · 彎成圓形 · 剪斷 · 直角彎摺成

這個部分要緊接密合 · 不要留下空隙

穿過 9 針和 T 針，前端摺成圓圈後，可以再和其他的部分連接。

⊙ 單圈的用法

用尖嘴鉗夾住單圈的兩側，分別朝前後施力打開單圈。要接合單圈缺口時，只須從側面平行夾緊缺口，就能完美接合。要注意的是，如果用鉗子從左右拉開單圈，單圈容易變形而無法漂亮接合缺口。

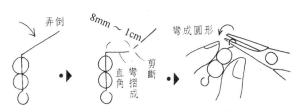

○ 缺口向前後拉開，接合部分接合時就能夠緊密接合。

單圈用來銜接不同的部分

拉開接口 · 閉合

✗ 朝左右拉開時，單圈接合處會因單圈變形而重疊接合。

拉開接口 · 閉合

⊙ 飾品用線和固定環的用法

飾品用線 · 雙孔連接片 · 剪去多餘的線 · 剪去多餘的線 · 固定環

★將固定環緊緊地環住飾品用線 · 固定環

釣線或飾品用線前連接金屬配件，可用來銜接其他部分外，也能固定串珠的位置。

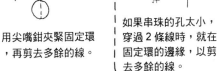

固定環 · 從邊緣剪掉

在雙孔連接片中穿過飾品用線後，用鉗子夾緊固定環。

在飾品用線長的一端，穿入喜歡的串珠。

用尖嘴鉗夾緊固定環，再剪去多餘的線。

如果串珠的孔太小，無法穿過 2 條線時，就在靠近固定環的邊緣，以剪刀剪去多餘的線。

⊙ 皮革用繩頭夾的用法

皮繩 · 皮革用繩頭夾

▼

★使用符合皮繩粗細的繩頭夾

用尖嘴鉗夾緊

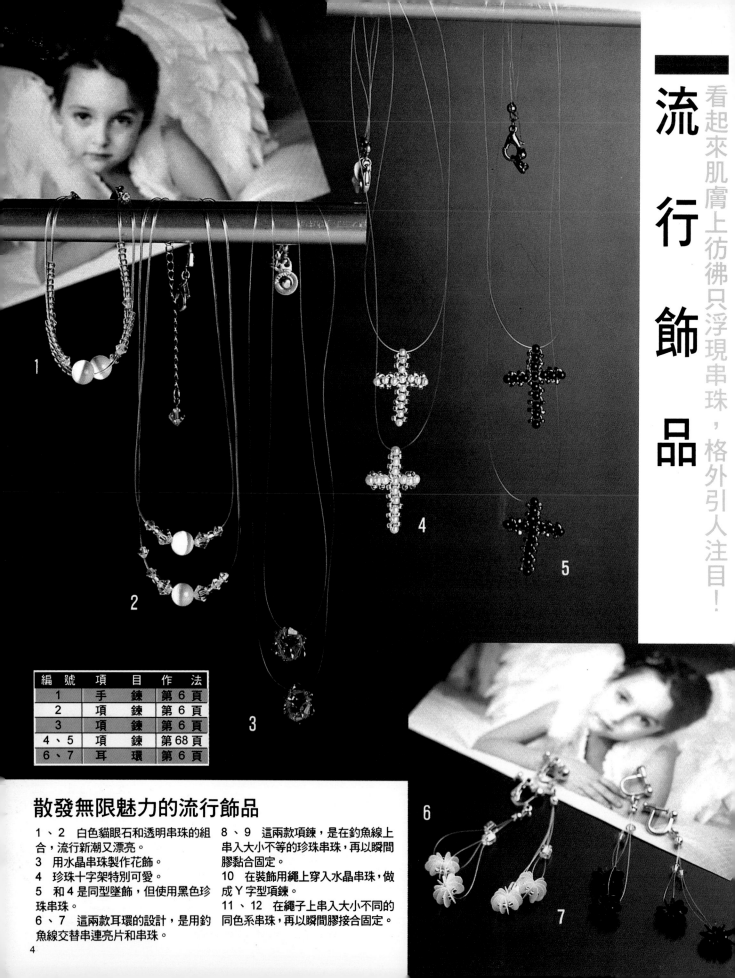

編　號	項　　目	作　　法
1	手　鍊	第 6 頁
2	項　鍊	第 6 頁
3	項　鍊	第 6 頁
4、5	項　鍊	第 68 頁
6、7	耳　環	第 6 頁

散發無限魅力的流行飾品

1、2　白色貓眼石和透明串珠的組合，流行新潮又漂亮。

3　用水晶串珠製作花飾。

4　珍珠十字架特別可愛。

5　和 4 是同型墜飾，但使用黑色珍珠串珠。

6、7　這兩款耳環的設計，是用釣魚線交替串連亮片和串珠。

8、9　這兩款項鍊，是在釣魚線上串入大小不等的珍珠串珠，再以瞬間膠黏合固定。

10　在裝飾用繩上穿入水晶串珠，做成 Y 字型項鍊。

11、12　在繩子上串入大小不同的同色系串珠，再以瞬間膠接合固定。

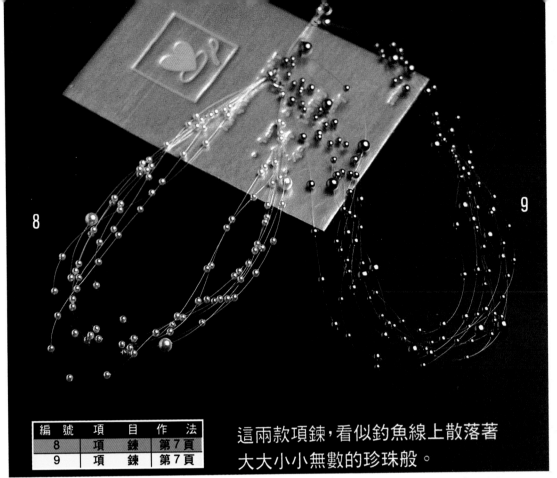

編　號	項　目	作　法
8	項　鍊	第 7 頁
9	項　鍊	第 7 頁

這兩款項鍊,看似釣魚線上散落著
大大小小無數的珍珠般。

編　號	項　目	作　法
10	短 項 鍊	第68頁
11、12	短 項 鍊	第 7 頁

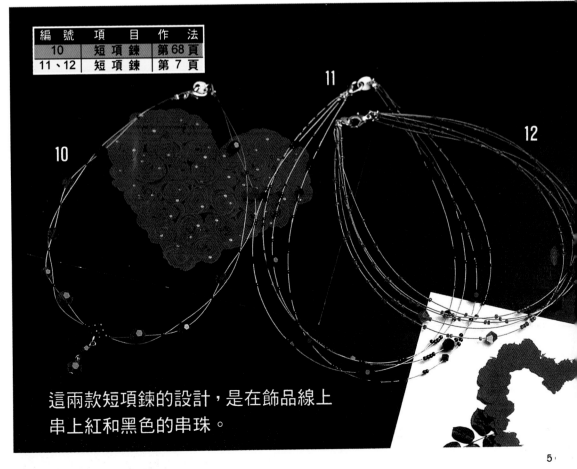

這兩款短項鍊的設計,是在飾品線上
串上紅和黑色的串珠。

第 4 頁 1　手鍊長＝約 20cm
◆材料◆　（使用 TOHO 串珠）
圓形大串珠（透明 1）　　　　　　54 個
水晶串珠（4mm 晨光色 J-54-2）　6 個
貓眼串珠（8mm 白色 α-1101-8）　2 個
釦環（狗鍊形彈簧頭 銀色 9-3-19S）　1 個
接環（圓形單環 3.8mm
　　　銀色 9-6-4S）　　　　　　2 個
雙孔連接片（銀色 9-7-2S）　　　1 個
皮革用繩頭夾
　　（圓形 2mm 用 銀色 9-90S）　1 個
飾品用線（透明 6-16-1）　　約 50cm 長

第 4 頁 2　項鍊長＝約 35cm
◆材料◆　（使用 TOHO 串珠）
圓形大串珠（鍍銀 21）　　　　　4 個
切割水晶串珠
　　（4mm 晨光色 J-54-2）　　　6 個
切割水晶串珠
　　（6mm 晨光色 J-56-2）　　　5 個
貓眼串珠（8mm 白色 α-1101-8）　2 個
釦環（狗鍊形彈簧頭 銀色 9-3-19S）　1 個
接環（圓形單環 3.8mm
　　　銀色 9-6-4S）　　　　　　3 個
T 針（22mm 銀色 9-9-1S）　　　1 根
調整鍊（5cm 銀色 9-10-1S）　　1 條
皮革用繩頭夾
　　（圓形 2mm 用 銀色 9-90S）　1 組
飾品用繩（透明 6-16-1）　　約 90cm 長

第 4 頁 3　項鍊長＝約 43cm
◆材料◆　（使用 TOHO 串珠）
水晶串珠（6mm 粉紅色 J-56-7）　6 個
水晶串珠（4mm 粉紅色 J-54-7）　6 個
釦環組（霧面銀 α-503MS）　　　1 組
〔扣式項鍊頭、接環、線頭夾〕
釣魚線（3 號 6-11-3）　　約 1m65cm

第 4 頁 6　長度＝約 6.5cm
◆材料◆　（使用 TOHO 串珠）
四角形串珠（4mm 鍍銀 21）　　　4 個
圓形小串珠（鍍銀 21）　　　　　40 個
亮片（龜甲形 6mm 白色 700）　　40 個
螺絲耳環（霧面銀 α-542MS）　　1 組
線頭夾（霧面銀 α-535MS）　　　2 個
釣魚線（2 號 6-11-1）　　約 1m20cm 長

第 4 頁 7　長度＝約 6.5cm
◆材料◆　（使用 TOHO 串珠）
水晶串珠（4mm 藍寶石色 J-54-4）　4 個
切割串珠（七彩色 CR82）　　　　40 個
亮片（龜甲形 6mm 黑色 510）　　40 個
螺絲耳環（霧面銀 α-543MS）　　1 組
線頭夾（霧面銀 α-535MS）　　　2 個
釣魚線（2 號 6-11-1）　　約 1m20cm 長
（譯註：TOHO 是封底裡的廣告品牌名稱）

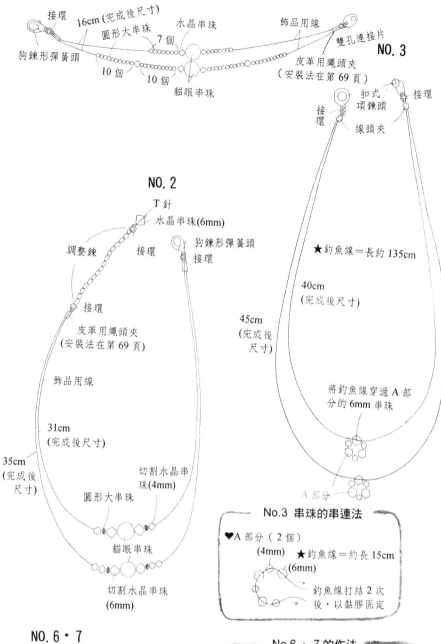

NO. 1

接環　16cm（完成後尺寸）　水晶串珠　飾品用線
圓形大串珠
7 個
狗鍊形彈簧頭
10 個　10 個　雙孔連接片　NO. 3
貓眼串珠　皮革用繩頭夾
（安裝法在第 69 頁）

接環　扣式項鍊頭　接環
線頭夾

NO. 2

T 針
水晶串珠（6mm）
調整鍊　接環　狗鍊形彈簧頭
接環
接環
皮革用繩頭夾
（安裝法在第 69 頁）
飾品用線
31cm
（完成後尺寸）
35cm
（完成後尺寸）
切割水晶串珠（4mm）
圓形大串珠
貓眼串珠
切割水晶串珠（6mm）

★釣魚線＝長約 135cm
40cm
（完成後尺寸）
45cm
（完成後尺寸）
將釣魚線穿過 A 部分的 6mm 串珠
A 部分

No.3 串珠的串連法
♥A 部分（2 個）
（4mm）　★釣魚線＝約長 15cm
（6mm）
釣魚線打結 2 次後，以黏膠固定

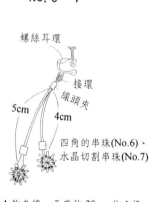

NO. 6・7

螺絲耳環
接環
線頭夾
5cm　4cm
四角的串珠(No.6)、
水晶切割串珠(No.7)

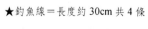

★釣魚線＝長度約 30cm 共 4 條

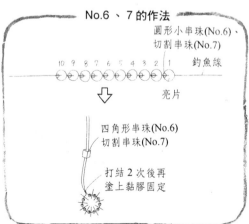

No.6、7 的作法
圓形小串珠(No.6)、
切割串珠(No.7)
10 9 8 7 6 5 4 3 2 1　釣魚線
亮片
⇩
四角形串珠(No.6)
切割串珠(No.7)
打結 2 次後再
塗上黏膠固定

	釣魚線長度	串珠數量	
第 1 條	32cm	3mm	15 個
第 2 條	34cm	3mm	12 個
第 3 條	34cm	3mm	16 個
第 4 條	35cm	3mm	14 個
第 5 條	35cm	3mm	16 個
第 6 條	35cm	6mm 3 個	3mm 7 個
第 7 條	38cm	3mm	22 個

※**釣魚線**的長度是完成後的尺寸。

	釣魚線長度	串珠數量	
第 1 條	38cm	4mm	14 個
第 2 條	41cm	6mm 6 個	3mm 5 個
第 3 條	42mm	4mm	13 個
第 4 條	42cm	4mm	15 個
第 5 條	43cm	3mm	24 個
第 6 條	43cm	3mm	21 個
第 7 條	43cm	3mm	21 個
第 8 條	43cm	3mm	21 個
第 9 條	43cm	6mm	8 個

※**釣魚線**的長度是完成後的尺寸。

NO. 9

第 5 頁 8　項鍊長＝約 35cm
◆**材料**◆　（使用 TOHO 串珠）
珍珠串珠（圓形 3mm 白色 200）　102 個
珍珠串珠（圓形 6mm 白色 200）　3 個
釦環組（霧面銀　α-500MS）　1 組
〔圓形彈簧頭、雙孔連接片、接環、線頭夾〕
釣魚線（2 號 6-11-1）　約 3m15cm 長
◆在 1 條釣魚線上穿入指定數量的串珠，再
以適量的黏膠加以固定。

第 5 頁 9　項鍊長＝約 44cm
◆**材料**◆　（使用 TOHO 串珠）
珍珠串珠
（圓形 3mm 合金金屬色 202）　92 個
珍珠串珠
（圓形 4mm 合金金屬色 202）　42 個
珍珠串珠
（圓形 6mm 合金金屬色 202）　14 個
釦環組（霧面銀　α-500MS）　1 組
〔圓形彈簧頭、雙孔連接片、接環、線頭夾〕
釣魚線（2 號 6-11-1）　約 4m95cm 長
◆在 1 條釣魚線上穿入指定數量的串珠，再
以適量的黏膠加以固定。

第 5 頁 11　項鍊長＝約 41cm
◆**材料**◆　（使用 TOHO 串珠）
切割水晶串珠（6mm 黑色 J-52-10）　7 個
切割水晶串珠（4mm 黑色 J-54-10）　19 個
圓形小串珠（黑色 49）　129 個
釦環組（霧光銀　α-501MS）　1 組
〔狗鍊形彈簧頭、接環、雙孔接連片〕
固定環（銀色　α-704S）　4 個
飾品用線（固定環 4 個）
（2m1 捲　銀色　α-700）　1 捲
◆在 1 條飾品用線上穿入指定數量的串珠，
再以適量的黏膠加以固定。

第 5 頁 12　項鍊長＝約 38cm
◆**材料**◆　（使用 TOHO 串珠）
切割水晶串珠
（6mm 紅寶石色 J-56-6）　5 個
切割串珠（紅色 CR5B）　160 個
釦環組（霧面銀　α-501MS）　1 組
〔狗鍊形彈簧頭、接環、雙孔接連片〕
固定環（銀色　α-704S）　2 個
飾品用線（固定環 8 個）
（2m1 捲　銀色　α-700）　2 捲
◆在 1 條飾品用線上穿入指定數量的串珠，
再以適量的黏膠加以固定。

NO. 8
圓形彈簧頭
接環
線頭夾
雙孔連接片
接環
釣魚線 7 條
在串珠的兩側
塗上黏膠固定
★釣魚線＝長度約
45cm 共 7 條
白珍珠

圓形彈簧線
接環
線頭夾
雙孔連接片、接環
釣魚線 9 條
在串珠兩側塗上黏膠固定
★釣魚線＝長度約
55cm 共 9 條

	飾品用線長度	串珠數量
第 1 條	38cm	A＝31 個、C＝2 個
第 2 條	39cm	A＝49 個、C＝2 個
第 3 條	40cm	A＝32 個、B＝11 個、C＝2 個
第 4 條	41cm	A＝17 個、B＝8 個、C＝1 個

A＝圓形小串珠
B＝切割水晶串珠（4mm）
C＝切割水晶串珠（6mm）

※飾品用線長度是完成後尺寸。

	飾品用線長度	串珠數量
第 1 條	35cm	A＝20 個、B＝1 個
第 2 條	35cm	A＝25 個、B＝1 個
第 3 條	36cm	A＝26 個、B＝1 個
第 4 條	36cm	A＝34 個、B＝1 個
第 5 條	36cm	A＝55 個、B＝1 個

※飾品用線長度是完成後尺寸。

NO. 11
狗鍊形彈簧頭
雙孔連接片
接環
固定環
飾品用線
接環
圓形小串珠
切割水晶串珠（4mm）
★飾品用線＝長度約 45cm 共 4 條
切割水晶串珠（6mm）

NO. 12
A＝切割串珠
B＝切割水晶串珠
雙孔連接片
狗鍊形彈簧頭
接環
切割串珠
★飾品用線＝長度約 45cm 共 5 條
切割水晶串珠

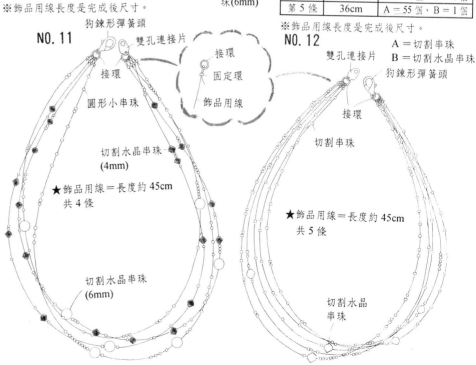

7

用鐵絲串上串珠，再以鉤針編織，或是用線串上串珠，以鉤針編織等，這些新的製作技巧受人矚目！

新潮串珠的魅力

串珠巧織
個性飾品

13　這款新潮手環，是在鐵線上先串入大小不同的灰色珍珠串珠，再以鉤針編織而成。

14　這款長項鍊是在鐵絲上串入串珠，再以鎖針編織而成。因為項鍊可隨意改變造型，所以能依需要搭配使用。

15、16　這款戒指的作法和 13 的手環相同，2 個一起戴上，造型更炫！

17　這款高雅的項鍊是以霧面串珠製作。

18　這款戒指看起來像麻花編。

19　這款項鍊是使用蔓藤花色的珍珠串珠。

20　這是以鐵絲連接的耳環。

21　這款項鍊使用迴紋帶作為材料。

22　黑色珍珠使短項鍊散發獨特的魅力。

23　中央吊墜的部分是設計重點。

24　這是以瑪瑙色串珠製成的圓弧形戒指。

編　號	項　　目	作　法
17	短項鍊	第11頁
18	戒　指	第70頁
19	短項鍊	第11頁
20	耳　環	第11頁

編　號	項　　目	作　法
21	短項鍊	第11頁
22	短項鍊	第69頁
23	短項鍊	第69頁
24	戒　指	第70頁

第 8 頁 13　手環長＝約 21cm
◆材料◆　（使用 TOHO 串珠）
珍珠（圓形 6mm 合金金屬色 202 ）　42 個
珍珠（圓形 4mm 合金金屬色 202 ）　40 個
珍珠（圓形 3mm 合金金屬色 202 ）　40 個
7/0 號鈎針、鐵絲
　（#28 銀色 11-28-2 ）　　　約 10m 長
◆先鈎鎖針 30 針織成 1 個圈環，用手試試
可否穿入後再開始編織，若針數不足太緊
時，則依情況增加適當的針數。

第 8 頁 15 、 16　指環長＝約 8cm
◆材料◆　（使用 TOHO 串珠）
切割串珠（晨光色 CR539 ）　　80 個
鐵絲（#31 銀色 11-31-2 ）　　約 2m
2/0 號鈎針
◆ NO16 是使用切割串珠（紫色 CR6C ）。
◆先鈎鎖針 20 針織成 1 個圓環，再試套手
指調整大小後，才開始編織。若針數不足太
緊時，則增加適當的針數。

第 8 頁 14　長度＝約 1m33cm
◆材料◆　（使用 TOHO 串珠）
四角形串珠（ 3mm 紫色 39 ）　89 個
珍珠（圓形 25mm 金屬銀 300 ）　10 個
鐵絲（#31 銀色 11-31-2 ）　約 10m
3/0 號鈎針
◆用鐵絲穿 79 個四角形串珠，兩個串珠間要
鈎 2 針鎖針。

NO. 13
（ 7/0 號鈎針）
NO.13 編織圖樣記號圖

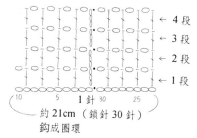

← 4 段
← 3 段
← 2 段
← 1 段

10　　5　1 針　30　　25
約 21cm（鎖針 30 針）
鈎成圈環

①在鐵絲均勻地串上指定數量的 6mm 、
　4mm 和 3mm 串珠。

②串珠一粒粒邊推動，邊以鎖針或長針
　加以編織。

NO. 15・16
NO.15 、 16 編織圖樣記號圖
（ 2/0 號鈎針）

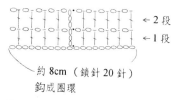

← 2 段
← 1 段

約 8cm（鎖針 20 針）
鈎成圈環

①在鐵線上串上切割串珠。

②串珠一粒粒邊推動，邊以鎖針或長針
　加以編織

NO. 14

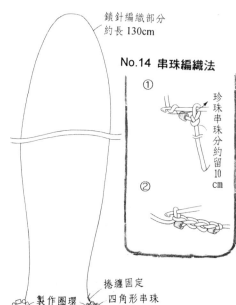

鎖針編織部分
約長 130cm

No.14 串珠編織法

①
②
珍珠串珠分約留10 cm

製作圈環　　捲纏固定
四角形串珠
金屬銀珍珠串珠

No.14 鎖針編織
（ 3/0 號鈎針）
織入串珠

237　235　　　10　　5　1 針
3 針 1 個圖樣

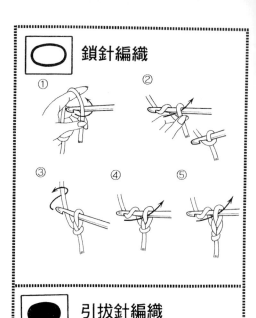
鎖針編織
① ② ③ ④ ⑤

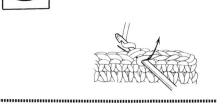
引拔針編織

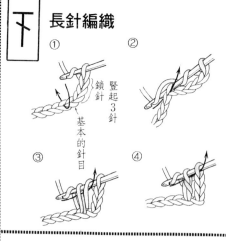
長針編織
①　　②
豎起3針
鎖針
基本的針目
③　　④

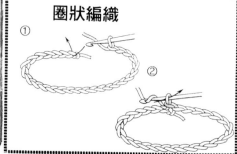
圈狀編織
①　　②

第9頁 17 長度＝約 24cm
◆材料◆ （使用 TOHO 串珠）
珍珠（4mm 霧面銀 α-37） 88 個
圓形小串珠（霧面鍍銀 21F） 252 個
天鵝絨緞帶 0.3cm 寬 60cm 長
釣魚線（2 號 6-11-1） 約 2m

第9頁 19 項鍊長＝約 39cm
◆材料◆ （使用 TOHO 串珠）
珍珠（蔓藤圖樣 4mm 銀 α-11） 230 個
圓形小串珠（霧面鍍銀 21F） 443 個
釣魚線（3 號 6-11-3） 約 3m25cm 長

第9頁 20 長度＝約 4cm
◆材料◆ （使用 TOHO 串珠）
珍珠（蔓藤圖樣 4mm 銀 α-11） 6 個
珍珠（蔓藤圖樣 6mm 銀 α-12） 2 個
鐵絲（#31 銀 11-31-2） 約 50cm
螺絲耳環（霧面銀 α-543MS） 1 組
T 針（22mm 霧面銀 α-514MS） 2 根

第9頁 21 長度＝約 22cm
◆材料◆ （使用 TOHO 串珠）
珍珠（圓形 3mm 黑色 203） 303 個
圓形大串珠（黑 49） 50 個
切割水晶串珠（6mm 黑色 J-52-10） 7 個
T 針（22mm 銀色 9-9-1S） 7 根
接環（圓環 3.8mm 銀色 9-6-4S） 7 個
天鵝絨緞帶 0.6cm 寬 90cm
釣魚線（3 號 6-11-3） 約 2m 長

NO. 17

★釣魚線＝長度約 1m
霧面銀珍珠

♥第 1 排
←開始製作
22 7 6 5 4 3 2 1

釣魚線串
連終了時，打 2 次結
再塗上黏膠，然後將
線頭再穿入串珠中。

♥第 2 排
圓形小串珠 6 個
★釣魚線＝長度約 1m
●＝穿入釣魚線的串珠
圓形小串珠 6 個

開始製作
回頭開始製作

開始製作及製作終了的釣魚線兩端，
在交會處打 2 個結後塗上黏膠，
然後將線頭再穿入串珠中。

No.17 緞帶的連接法
15cm
0.5cm
銜接在 30cm 緞帶的兩端
縫合固定

No.21 的作法

釣魚線串連終了時，
將兩端打 2 次結後塗
上黏膠，然後將線頭
再穿入串珠中。

★釣魚線＝長約 1cm、
製作完成後，如第 1
列作法般再開始製作

25 圈
2 圈
1 圈
黑珍珠
第 1 列 開始製作
★釣魚線＝長約 1cm
圓形 大串珠

串起第 1 列的珍珠
第 2 列 開始製作

No.21 緞帶的連接法
90cm 的緞帶，穿入第 1 列中

NO. 21
中央 黑珍珠
第 2 列
第 1 列
1 2 3
接環
水晶切割串珠
T 針
23 24 25
圓形 大串珠

NO. 20

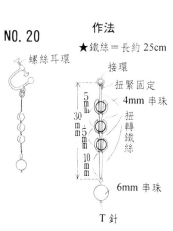

作法
★鐵絲＝長約 25cm
螺絲耳環
接環
扭緊固定
4mm 串珠
扭轉鐵絲
5mm
30mm
5mm
10mm
6mm 串珠
T 針

NO. 19

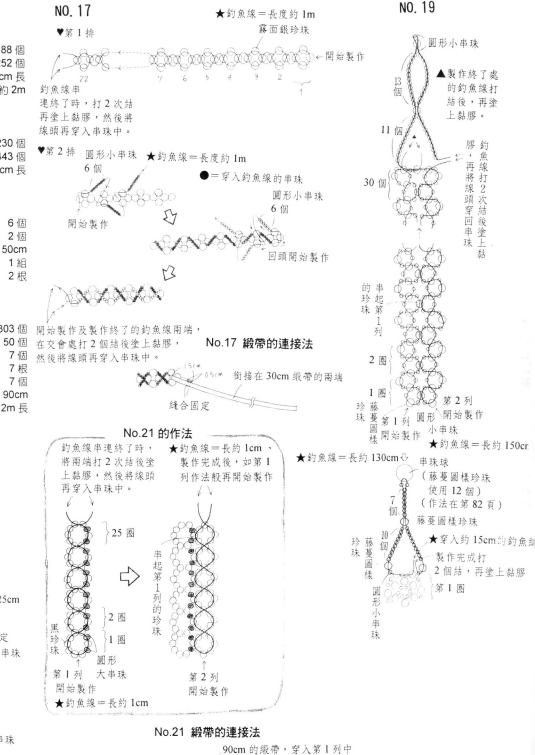

圓形小串珠
13 個
11 個
30 個

▲製作終了處
的釣魚線打
結後，再塗
上黏膠。

膠，再將線
打 2 次結穿
回串珠

穿起的珍珠第 1 列
2 圈
1 圈
珍珠 蔓藤圖樣
第 1 列 開始製作
第 2 列 開始製作
圓形小串珠
★釣魚線＝長約 150cm

★釣魚線＝長約 130cm
串珠球
（藤蔓圖樣珍珠
使用 12 個）
（作法在第 82 頁）
藤蔓圖樣珍珠
7 個
10 個
珍珠 藤蔓圖樣
★穿入約 15cm 的釣魚線
製作完成打
2 個結，再塗上黏膠
第 1 圈
圓形小串珠

25 、 26　這兩款項鍊的花朵造型看似彷彿飄浮在空中，其間穿插的串珠是活動式的。

27　用串珠做成的圓形墜飾是這款耳環的製作重點。

31　這款是用T針連接的耳環，串珠整體的漸層色調，十分有現代感。

32　黃玉色的水晶串珠，和黃銅般的小串珠搭配，亮麗奪目！

33～35　這三款戒指的花飾設計各具特色。

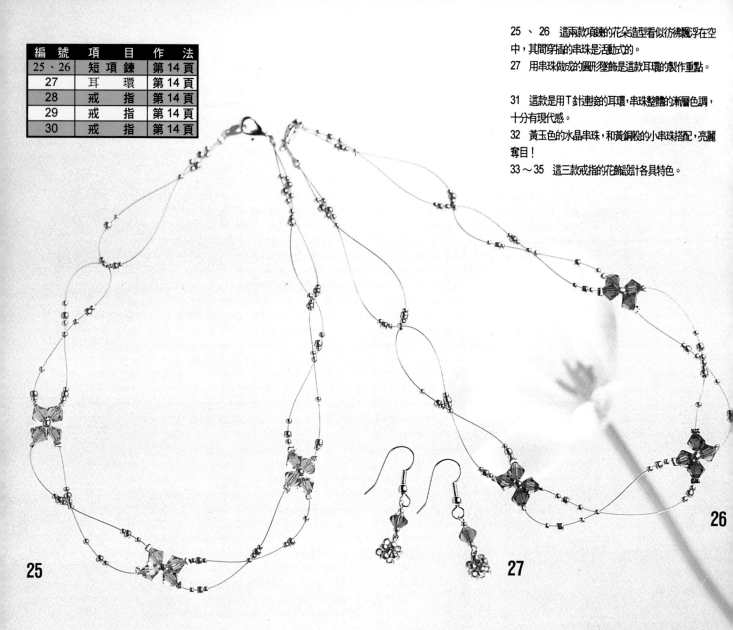

25

26

27

28　29　30

項鍊、戒指亮麗出擊！
可愛的花形飾品

36　這款短項鍊的後方，是以緞帶來打結。

37 、 38　這兩款短項鍊和 36 是相同的設計但顏色不同，後方是以天鵝絨作為繫帶。

39～41　這三款戒指分別是搭配 36～38 的整套設計。

42　這款項鍊和 36～38 是相同的設計，另外在圓形環和 T 針中穿入串珠，並附有漂亮的小戒指。

43　這款戒指和 39～41 相同，造型是花朵的圖案設計。

25
28
29
30

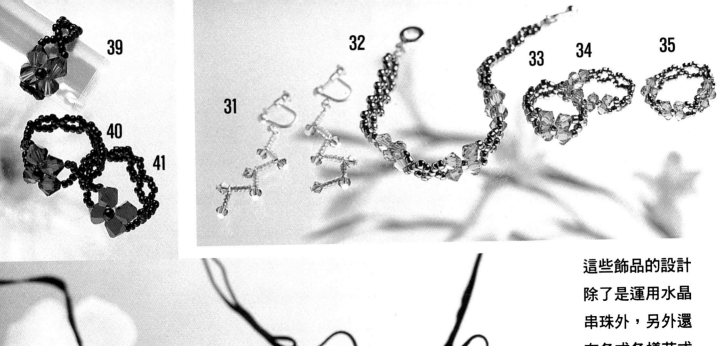

39

31 32 33 34 35

40

41

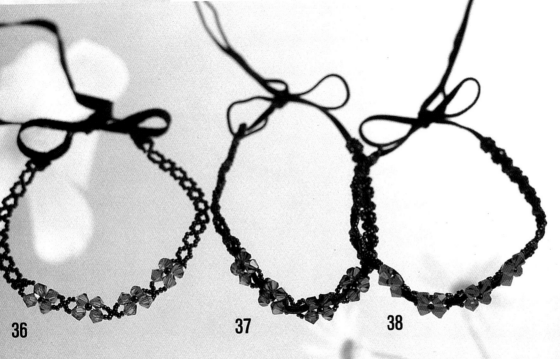

這些飾品的設計
除了是運用水晶
串珠外，另外還
有各式各樣花式
的創意。

37
·
40

36 37 38

編 號	項		目	作		法
31	耳		環	第 15 頁		
32	手		鐲	第 15 頁		
33	戒		指	第 15 頁		
34	戒		指	第 14 頁		
35	戒		指	第 14 頁		
36～38	短 項 鍊			第 15 頁		
39～41	戒		指	第 15 頁		
42	短 項 鍊			第 15 頁		
43	戒		指	第 15 頁		

42
·
43

42

43

13

第 12 頁 25　項鍊長＝約 41cm
◆材料◆　（使用 TOHO 串珠）
水晶切割串珠
　（6mm 粉紅色 J-56-7）　　　12 個
亮面串珠（圓形小 粉紅色 A-553）　54 個
圓形大串珠（粉紅色 553）　　　27 個
釦環（茄型 6.6mm 霧面銀 9-3-19MS）　1 個
雙孔連接片（大 霧面銀 9-7-2MS）　1 個
飾品用線
　（2m 一捲 霧面銀 α-700MS）　約 1m
固定環（銀色 α-704S）　　　　16 個

第 12 頁 26　項鍊長＝約 41cm
◆材料◆　（使用 TOHO 串珠）
霧面切割串珠（6mm 紫色 J-56-8）　12 個
亮面串珠（圓形小 淡粉紅色 A-554）　54 個
圓形大串珠（淡粉紅色 554）　　27 個
釦環（茄型 6.6mm 霧面銀 9-3-19MS）　1 個
雙孔連接片（大 霧面銀 9-7-2MS）　1 個
裝飾用繩
　（2m 一捲 霧面銀 α-700MS）　約 1m
固定環（銀色 α-704S）　　　　16 個

第 12 頁 27　長度＝約 3.5cm
◆材料◆　（使用 TOHO 串珠）
水晶切割串珠（6mm 紫色 J-54-7）　2 個
圓形大串珠（粉紅色 553）　　　24 個
圓形小串珠（粉紅色 553）　　　4 個
T 針（22mm 銀色 9-9-1S）　　2 根
9 針（30mm 銀色 9-8-1S）　　2 根
釦式耳環（銀色 9-12-23S）　　1 組
釣魚線（3 號 6-11-3）　　　約 80cm

第 12 頁 28　指環長度＝約 7cm
◆材料◆　（使用 TOHO 串珠）
水晶切割串珠（4mm 粉紅色 J-54-7）12 個
亮面串珠
　（圓形小串珠 粉紅色 A-553）　57 個
釣魚線（3 號 6-11-3）　　　約 50cm

第 12 頁 29　指環長度＝約 7cm
◆材料◆　（使用 TOHO 串珠）
水晶切割串珠（4mm 粉紅色 J-54-7）12 個
亮面串珠（圓形小 粉紅色 A-553）　48 個
釣魚線（3 號 6-11-3）　　　約 50cm

第 12 頁 30　指環長度＝約 7cm
◆材料◆　（使用 TOHO 串珠）
水晶切割串珠（4mm 粉紅色 J-54-7）　9 個
亮面串珠（圓形小 粉紅色 A-553）　90 個
釣魚線（3 號 6-11-3）　　　約 50cm

第 13 頁 34　指環長度＝約 7cm
◆材料◆　（使用 TOHO 串珠）
水晶切割串珠（4mm 黃色 J-54-3）　12 個
亮面串珠（圓形小 黃色 A-221）　48 個
釣魚線（3 號 6-11-3）　　　約 50cm

第 13 頁 35　指環長度＝7cm
◆材料◆　（使用 TOHO 串珠）
水晶切割串珠（4mm 黃色 J-54-3）　12 個
亮面串珠（圓形小 黃色 A-221）　57 個
釣魚線（3 號 6-11-3）　　　約 50cm

NO. 25・26

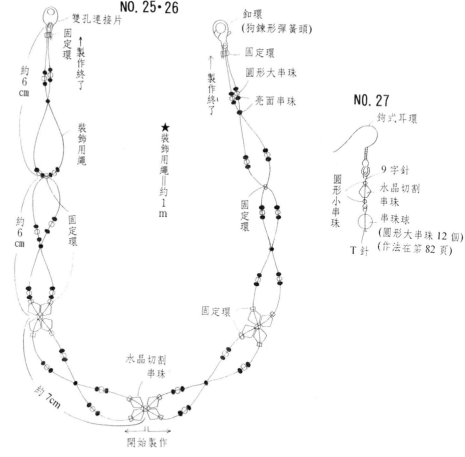

雙孔連接片
固定環
製作終了
約 6 cm
裝飾用繩
約 6 cm
固定環
約 7cm
開始製作
水晶切割串珠
固定環
釦環（狗鍊形彈簧頭）
固定環
圓形大串珠
亮面串珠
製作終了
裝飾用繩＝約 1m
固定環

NO. 27

鉤式耳環
9 字針
圓形小串珠
水晶切割串珠
串珠球
（圓形大串珠 12 個）
T 針（作法在第 82 頁）

NO. 28・35
★釣線＝約 50cm　▲開始製作
釣線
亮面串珠
製作終了時，將釣魚線的兩端打 2 次結後塗上黏膠，線頭再穿入串珠中。

NO. 29・34
★釣魚線＝約 50cm　▲＝開始製作
釣魚線　水晶切割串珠　亮面串珠
製作終了時，將釣魚線的兩端打 2 次結後塗上黏膠，線頭再穿入串珠中。

NO. 30
★釣魚線＝約 50cm　▲開始製作
水晶切割串珠　釣魚線　亮面串珠

9 次　8 次　7 次
反覆製作圓圈
2 次　1 次
製作終了時，將釣魚線的兩端打 2 次結後塗上黏膠，線頭再穿入串珠中。

第 13 頁 31　長度＝約 5cm、寬 1.2cm
◆材料◆　（使用 TOHO 串珠）
水晶切割串珠（4mm 黃色 J-54-3）　12 個
圓形小串珠（黃色 949）　32 個
圓形小串珠（橘色 950）　8 個
T 針（22cm 霧面金色 α-514MG）　12 根
耳環（霧面金 α-543MG）　1 組

第 13 頁 32　手環長度＝約 16cm
◆材料◆　（使用 TOHO 串珠）
水晶切割串珠（6mm 黃色 J-56-3）　12 個
圓形大串珠（褐金色 221）　129 個
釦環組（霧面金 α-503MG）　1 組
〔扣式項鍊頭、接環、線頭夾〕
釣魚線（3 號 6-11-3）　約 1m

第 13 頁 33　指環長度＝約 7cm
◆材料◆　（使用 TOHO 串珠）
水晶切割串珠（6mm 黃色 J-56-3）　4 個
圓形大串珠（褐金色 221）　52 個
釣魚線（3 號 6-11-3）　約 50cm

第 13 頁 36 ～ 38　項鍊長度＝約 23cm
◆材料（1 條份）◆　（使用 TOHO 串珠）
水晶切割串珠（6mm 紫色 J-56-8）　16 個
珍珠串珠（圓形 3mm 黑色 204）　4 個
圓形小串珠（黑色 49）　295 個
釣魚線（3 號 6-11-3）　約 1m
羅緞緞帶寬 0.3cm
◆ No.37 是使用水晶切割串珠（翡翠綠 J-56-5）、No.38 是水晶切割串珠（紅寶石 J-56-6）。
◆ No.37、38 是使用寬 0.3cm 長約 80cm 的天鵝絨緞帶。

第 13 頁 39 ～ 41　指環長度＝約 7cm
◆材料（1 條份）◆　（使用 TOHO 串珠）
水晶切割串珠（6mm 紫色 J-56-8）　4 個
珍珠串珠（圓形 3mm 黑色 204）　1 個
圓形小串珠（黑色 49）　79 個
釣魚線（3 號 6-11-3）　約 50cm
◆ No.40 是使用水晶切割串珠（翡翠綠 J-56-5）、No.41 是水晶切割串珠（紅寶石 J-56-6）。

第 13 頁 42　手環長度＝約 29cm
◆材料◆　（使用 TOHO 串珠）
水晶切割串珠（6mm 天藍色 J-52-4）　3 個
水晶切割串珠（6mm 天藍色 J-56-4）　16 個
圓形大串珠（藍 綠色 81）　250 個
T 針（22mm 燻黑色 α-514I）　3 根
接環（圓形環 5mm 燻黑色 α-553I）　3 個
羅緞緞帶 0.5cm 寬　約 60cm
釣魚線（3 號 6-11-3）　約 1m

第 13 頁 43　指環長度＝約 7cm
◆材料◆　（使用 TOHO 串珠）
水晶切割串珠（6mm 天藍色 J-52-4）　4 個
圓形大串珠（藍 綠色 81）　52 個
釣魚線（3 號 6-11-3）　約 50cm

NO. 32
水晶切割串珠　★釣魚線＝約 1m
接環　釦環　線頭夾　圓形大串珠　割串珠　釣魚線　釦環（扣式項鍊頭）

NO. 36 ～ 38
12 個　開始製作　死結
1 次　2 次　3 次　圓形小串珠　製作終了　22 次 21 次 20 次
★釣魚線＝約 1m
釣魚線
9 次 10 次 11 次　14 次 13 次 12 次
水晶切割串珠　珍珠串珠

NO. 31
螺絲耳環
4 個　接環
圓形小串珠(黃色)
水晶切割串珠
T 針
圓形小串珠（橘色）

緞帶的銜接法
NO. 36
羅緞緞帶（約 25cm）
直針縫
0.5　0.8

NO. 37・38
天鵝絨緞帶（約 80cm）

NO. 33
★釣魚線＝約 50cm　★開始製作
水晶切割串珠
釣魚線

製作終了時，將釣魚線的兩端打 2 次結後塗上黏膠，線頭再穿入串珠中。

NO. 39 ～ 41
★釣魚線＝約 50cm　▲＝開始製作
水晶切割串珠
釣魚線　圓形小串珠
珍珠串珠
6 次　5 次　2 次　1 次

製作終了時，將釣魚線的兩端打 2 次結後塗上黏膠，線頭再穿入串珠中。

NO. 43
★釣魚線＝約 50cm
水晶切割串珠　圓形大串珠　釣魚線
5 次　2 次　1 次

NO. 42
8 個　開始製作
1 次 2 次 3 次　3 個　死結
26 次 25 次 24 次　製作終了
羅緞緞帶（約 30cm）　直針縫
★釣魚線＝約 1m
釣魚線
11 次 12 次 13 次　圓形大串珠　16 次 15 次 14 次

緞帶的銜接法

製作終了時，將釣魚線的兩端打 2 次結後塗上黏膠，線頭再穿入串珠中。

水晶切割串珠（J-52-4）　水晶割切串珠　接環（圓形單環）　T 針
(J-56-4)

15

今夏流行白色的洋裝，再搭配上白色的小飾品，將呈現全然不同的流行風尚。

44　這款短項鍊，是用長橢圓形珍珠串珠製作花飾，再搭配上小串珠，予人優美典雅的感受。

45　這款項鍊，是以9針和T針連接製作的項鍊，只要一活動串珠便會搖晃，十分可愛！

46　這款項鍊是以兩條串珠組合而成，另外還搭配細長的墜飾，呈現Y字型設計。

47　這款戒指是在兩側另外加上兩排小串珠。

48　這款項鍊是用珍珠串珠配四角形串珠的爛漫設計。

49　這款可愛的戒指，是長橢圓形珍珠串珠並排連而成。

50、51　這款戒指是以四角形串珠設計而成。

52　這款戒指和48設計相同，但顏色不同。

53　這是垂掛式設計的耳環。

54　這款金色戒指，顯得華麗又精緻。

55、56　這兩款戒指和50、51是相同的設計。

44

45

46

47

動手製作流行時尚的珍珠佩飾！

柔美的珍珠白

編　號	項　　目	作　　法
44	短 項 鍊	第18頁
45	項　　鍊	第18頁
46	項　　鍊	第18頁
47	戒　　指	第18頁

編　號	項　目	作　法
48	項　鍊	第 19 頁
49	戒　指	第 19 頁
50	戒　指	第 19 頁
51	戒　指	第 19 頁
52	項　鍊	第 19 頁
53	耳　環	第 19 頁
54	戒　指	第 70 頁
55	戒　指	第 19 頁
56	戒　指	第 19 頁

珍珠色和銀色的組合，使飾品更顯清爽和精緻的質感。
雖然款式相同，但只要改成金黃色，就成為較成熟的款式。

48
49
50
51

第16頁 44　項鍊長=約 37cm
◆材料◆　（使用 TOHO 串珠）
珍珠串珠
　（棗形 3×6cm 淺鵝黃 201 ）　　28 個
圓形小串珠（淺鵝黃 948 ）　　　628 個
釦環組（霧面金　α-501MG ）　　1 組
〔狗鍊形彈簧頭、雙孔連接片、線頭夾、接環〕
9 針（30mm 霧面金　α-516MG ）　7 根
釣魚線（3 號 6-11-3 ）　　　約 1m95cm

第16頁 45　項鍊長=約 40cm
◆材料◆　（使用 TOHO 串珠）
貝殼串珠（自然色　α-427 ）　　　4 個
貝殼串珠（自然色　α-428 ）　　　9 個
圓形大串珠（素色 51 ）　　　　　42 個
釦環組（霧面銀　α-500MS ）　　1 組
〔圓形彈簧頭、雙孔連接片、接環〕
9 針（30mm 霧面銀　α-516MS ）　16 根
T 針（22mm 霧面銀　α-514MS ）　9 根
接環（圓形環 3.8mm
　　　霧面銀　α-532MS ）　　　17 個

第16頁 46　項鍊長度=約 39cm
◆材料◆　（使用 TOHO 串珠）
貝殼串珠（自然色　α-427 ）　　　2 個
貝殼串珠（自然色　α-428 ）　　　3 個
圓形大串珠（素色 51 ）　　　　　181 個
切割串珠（素色 CR-122 ）　　　　284 個
釦環組（霧面銀　α-501MS ）　　1 組
〔狗鍊形彈簧頭、雙孔連接片、線頭夾、接環〕
線頭夾（銀色 9-4-1S ）　　　　　1 個
9 針（30mm 霧面銀　α-516MS ）　1 根
T 針（22mm 霧面銀　α-514MS ）　1 根
釣魚線（3 號 6-11-3 ）　　　約 1m40cm

第16頁 47　戒指長=約 5.5cm
◆材料◆　（使用 TOHO 串珠）
貝殼串珠（自然色　α-427 ）　　　16 個
切割串珠（素色 CR122 ）　　　　32 個
釣魚線（2 號 6-11-1 ）　　　約 45cm

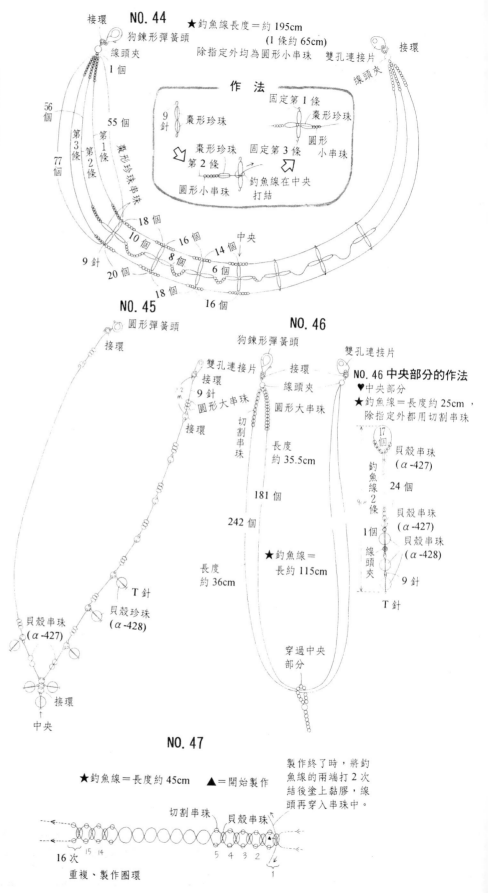

第 17 頁 48　手鍊長度＝約 21cm
◆材料◆　（使用 TOHO 串珠）
四角形串珠（ 3mm 霧面銀 21F ）　38 個
珍珠串珠(圓形 2.5mm 金屬銀 300)　39 個
珍珠串珠（圓形 3mm 白色 200 ）　1 個
珍珠串珠（圓形 5mm 白色 200 ）　18 個
銀製鈕環（縷花 9-3-12 ）　1 組
9 針（ 30mm 銀色 9-8-1S ）　18 根
線頭夾（銀色 9-4-1S ）　2 個
接環（圓形環 3.8mm 銀色 9-6-4S ）　4 個
釣魚線（ 3 號 6-11-3 ）　約 38cm

第 17 頁 49　戒指長度＝約 6.5cm
◆材料◆　（使用 TOHO 串珠）
珍珠串珠(棗形 3×6mm 白色 200)　12 個
珍珠串珠（圓形 2.5mm 金屬銀 300 ）　48 個
釣魚線（ 3 號 6-11-3 ）　約 50cm

第 17 頁 50　戒指長度＝約 6cm
◆材料◆　（使用 TOHO 串珠）
四角形串珠（ 4mm 霧面銀 21F ）　24 個
珍珠串珠（圓形 2mm 霧面銀 α-34 ）　32 個
釣魚線（ 3 號 6-11-3 ）　約 45cm

第 17 頁 51　戒指長度＝約 6cm
◆材料◆　（使用 TOHO 串珠）
四角形串珠（ 4mm 霧面銀 21F ）　8 個
珍珠串珠（圓形 2mm 霧面銀 α-34 ）　64 個
釣魚線（ 3 號 6-11-3 ）　約 45cm

第 17 頁 52　手鍊長度＝約 20cm
◆材料◆　（使用 TOHO 串珠）
四角形串珠（ 4mm 霧面金 22F ）　25 個
珍珠串珠（圓形 4mm 霧面金 α-47 ）　18 個
珍珠串珠（圓形 2.5mm 霧面金 α-45 ）　52 個
鈕環組（霧面金 α-501MG ）　1 組
〔狗鍊形彈簧頭、雙孔連接片、接環線頭夾〕
9 針（ 30mm 霧面金 α-516MG ）　18 根
釣魚線（ 3 號 6-11-3 ）　約 38cm

第 17 頁 53　長度＝約 3cm
◆材料◆　（使用 TOHO 串珠）
珍珠串珠（圓形 2mm 霧面金 α-44 ）　14 個
珍珠串珠（圓形 4mm 霧面金 α-47 ）　2 個
四角形串珠（ 4mm 霧面金 22F ）　10 個
螺絲耳環（霧面金 α-543MG ）　1 組
接環（圓形環 3.8mm 霧面金 α-532MG ）　2 個
9 針（ 30mm 霧面金 α-516MG ）　2 根
釣魚線（ 3 號 6-11-3 ）　約 40cm

第 17 頁 55　戒指長度＝約 6cm
◆材料◆　（使用 TOHO 串珠）
四角形串珠（ 4mm 霧面金 22F ）　24 個
珍珠串珠（圓形 2mm 霧面金 α-44 ）　32 個
釣魚線（ 3 號 6-11-3 ）　約 45cm

第 17 頁 56　戒指長度＝約 6cm
◆材料◆　（使用 TOHO 串珠）
四角形串珠（ 4mm 霧面金 22F ）　8 個
珍珠串珠（圓形 2mm 霧面金 α-44 ）　64 個
釣魚線（ 3 號、6-11-3 ）　約 45cm

NO. 48

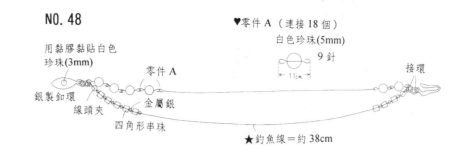

♥零件 A（連接 18 個）
白色珍珠(5mm)
9 針
用黏膠黏貼白色珍珠(3mm)
零件 A
接環
銀製鈕環
線頭夾
金屬銀
四角形串珠
★釣魚線＝約 38cm

NO. 49

★釣魚線＝長度約 50cm
▲開始製作
製作終了時，將釣魚線的兩端打 2 次結後塗上黏膠，線頭再穿入串珠中。
棗形珍珠
圓形珍珠
12 次 重複，製作圓環
11　10
4　3　2
1 次

NO. 50・55

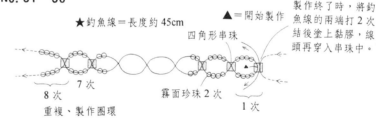

★釣魚線＝長度約 45cm
▲＝開始製作
製作終了時，將釣魚線的兩端打 2 次結後塗上黏膠，線頭再穿入串珠中。
四角形串珠
霧面珍珠
8 次 重複、製作圓環
7
3　2
1

NO. 51・56

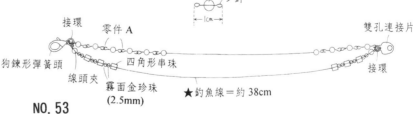

★釣魚線＝長度約 45cm
▲＝開始製作
製作終了時，將釣魚線的兩端打 2 次結後塗上黏膠，線頭再穿入串珠中。
四角形串珠
霧面珍珠 2 次
7 次
8 次 重複、製作圓環
1 次

NO. 52

♥零件 A（連接 18 個）
霧面金珍珠(4mm)
9 針
1cm
接環
零件 A
雙孔連接片
狗鍊形彈簧頭
四角形串珠
接環
線頭夾
霧面金珍珠(2.5mm)
★釣魚線＝約 38cm

NO. 53

螺絲耳環
接環
9 針
霧面金珍珠(4mm)
霧面金珍珠 (2mm)
接環
零件 A

♥零件 A
打 2 次結後塗上黏膠，
四角形串珠
霧面金珍珠(2mm)
接環
★釣魚線＝長約 2cm 共 2 條

58

亮眼的清新藍

57

58

59

本單元藍色系的配飾，即使不上粧，只要搭配白色洋裝，也顯得非常清爽。充滿透明感的串珠，搭配各式造型，可愛又時髦。

編　號	項　　目	作　　法
57	項　　鍊	第22頁
58	項　　鍊	第22頁
59	項　　鍊	第22頁

57　這款項鍊是以串珠製作立體的花飾，另外還交互搭配竹製串珠。

58　這款項鍊是在貓眼石的周圍加上透明的串珠。

59　這款長項鍊使用深藍色串珠，更清新亮麗。

59

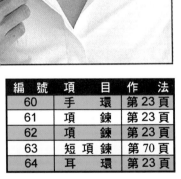

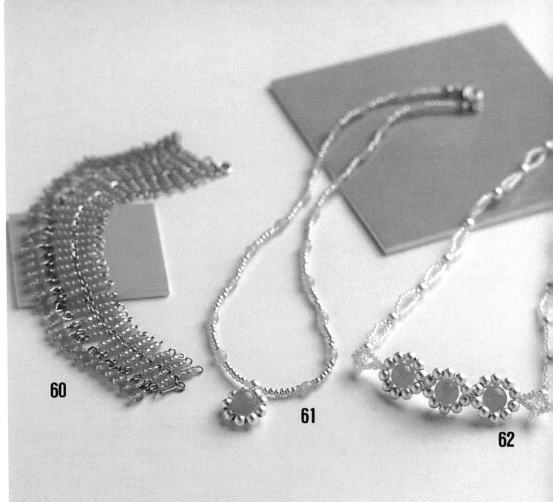

60

61

62

編　號	項　目	作　法
60	手　環	第23頁
61	項　鍊	第23頁
62	項　鍊	第23頁
63	短項鍊	第70頁
64	耳　環	第23頁

搭配藍色和銀色串珠，飾品看起來不僅清爽，而且別具風味。

60 這款手環以9針和T針連接，造型俏皮可愛。

61、62 以花飾為主題這兩款項鍊，洋溢青春氣息。

63 這是時髦流行的長項鍊款式。

64 水晶串珠讓作品更清爽。

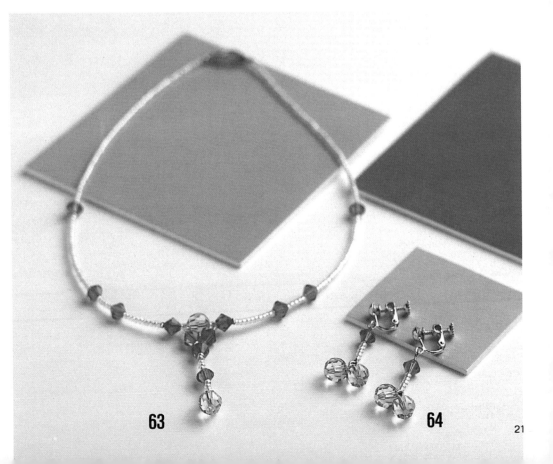

63

64

第20頁 57　項鍊長度＝約47cm
◆材料◆　（使用 TOHO 串珠）
實心串珠（竹製6mm 深紫 704 ）　　20 個
珍珠串珠（ 2mm 霧面銀 α-34 ）　　40 個
月牙形串珠（粉紅色 M171 ）　　　57 個
圓形小串珠（水藍色 143 ）　　　456 個
釦環組（燻黑色 α-5011 ）　　　　 1 組
〔狗鍊形彈簧頭、雙孔連接片、接環、線頭夾〕
釣魚線（ 2 號 6-11-1 ）　　　約 2m10cm

第20頁 58　項鍊長度＝約41cm
◆材料◆　（使用 TOHO 串珠）
貓眼串珠（圓形6mm α-1101 ）　　15 個
壓克力串珠（圓形4mm α-2207 ）　30 個
貝殼串珠（自然色 α-429 ）　　　15 個
圓形小串珠（鍍銀 21 ）　　　　　31 個
圓形小串珠（白色 141 ）　　　　242 個
釣魚線（ 3 號 6-11-3 ）　　　約 2m20cm

第20頁 59　項鍊長度＝約76cm
◆材料◆　（使用 TOHO 串珠）
月牙形串珠（透明 M161 ）　　　124 個
四角形串珠（ 4mm 鍍銀藍 33 ）　　57 個
圓形大串珠（藍色 48 ）　　　　199 個
圓形大串珠（黃色 42 ）　　　　　 4 個
釦環組（霧面銀 α-503MS ）　　　 1 組
〔扣式項鍊頭、接環、線頭夾〕
釣魚線（ 3 號 6-11-3 ）　　　約 1m80cm

NO. 57

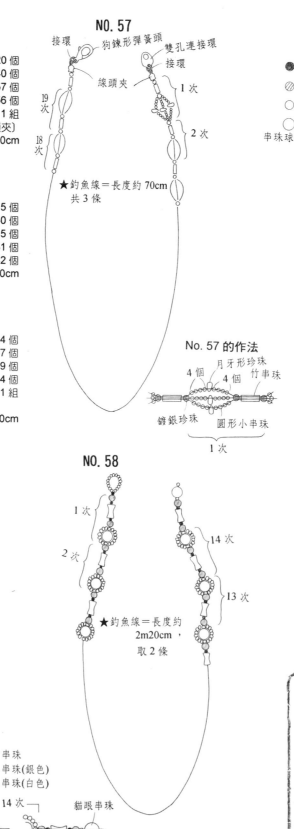

No. 57 的作法

NO. 58

No. 58 的作法

▲＝開始製作

NO. 59

♥串珠球（作法在第82頁）

●＝串珠球 A ＝圓形大串珠(藍色)8 個、圓形大串珠(黃色)1 個
◑＝串珠球 B ＝圓形大串珠(藍色)8 個、月牙形串珠 1 個
○＝串珠球 C ＝圓形大串珠(藍色)8 個、四角形串珠 1 個
串珠球㊊＝圓形大串珠(藍色)9 個、四角形串珠 1 個
　　　圓形大串珠(黃色)1 個、月牙形串珠 1 個

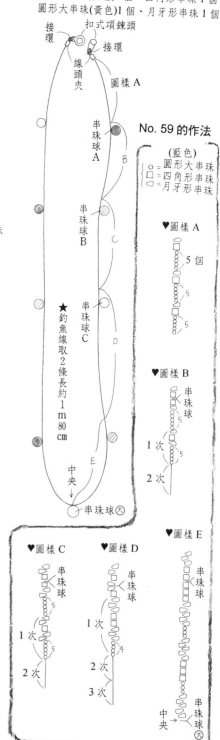

No. 59 的作法

第 21 頁 60　手鍊長度＝約 16.5cm
◆材料◆　（使用 TOHO 串珠）
圓形大串珠（水藍色 146 ）　　　　　228 個
圓形小串珠（水藍色 146 ）　　　　　76 個
特大串珠（ 4mm 霧面藍 13F ）　　　38 個
釦環組（霧面銀 α-500MS ）　　　　　1 組
〔圓形彈簧頭、雙孔連接片、接環〕
真珠製鏈條（銀色 6-7-1S ）　　　約 15cm
9 針（ 30mm 鍍銀 α-516MS ）　　　38 根
T 針（ 2mm 鍍銀 α-514MS ）　　　 38 根

第 21 頁 61　手鍊長度＝約 42cm
◆材料◆　（使用 TOHO 串珠）
珍珠串珠（ 2mm 鍍銀 α-34 ）　　　 132 個
珍珠串珠（ 4mm 鍍銀 α-37 ）　　　 10 個
壓克力串珠（4mm 粉紫色 J-501-4 ）　20 個
珍珠串珠（ 8mm 鍍銀 J-501-8 ）　　　1 個
圓形小串珠（水藍色 146 ）　　　　　45 個
釦環組（鍍銀 α-501MS ）　　　　　 1 組
〔狗鍊形彈簧頭、雙孔連接片、線頭夾、接環〕
釣魚線（ 3 號 6-11-3 ）　　　　　約 80cm

第 21 頁 62　手鍊長度＝約 39cm
◆材料◆　（使用 TOHO 串珠）
壓克力串珠（ 8mm 粉紫色 J-501-8 ）　3 個
珍珠串珠（ 4mm 鍍銀 α-37 ）　　　 46 個
圓形小串珠（水藍色 146 ）　　　　　62 個
圓形小串珠（白色 141 ）　　　　　 250 個
釦環（螺旋型 銀 9-1-11S ）　　　　 1 組
接環（圓形環 3.8mm 銀色 9-6-4S ）　2 個
線頭夾（銀色 9-4-1S ）　　　　　　 2 個
釣魚線（ 3 號 6-11-3 ）　　　　約 1m50cm

第 21 頁 64　長度＝約 3.5cm
◆材料◆　（使用 TOHO 串珠）
水晶切割串珠（ 8mm 藍色 J-53-4 ）　 4 個
水晶切割串珠（6mm 寶藍色 J-56-12）　2 個
圓形小串珠（鍍銀 21F ）　　　　　 10 個
螺絲耳環（鍍銀 α-542MS ）　　　　 1 組
9 針（ 30mm 鍍銀 α-542MS ）　　　 2 根
T 針（ 22mm 鍍銀 α-542MS ）　　　 4 條

NO. 64

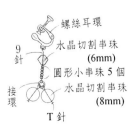

NO. 60

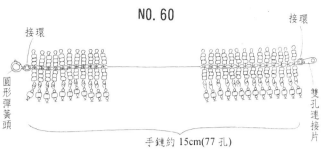

手鍊約 15cm(77 孔)

No. 60 的作法
♥零件
9 針
圓形大串珠 3 個
特大串珠
圓形小串珠
T 針
製作 38 根　弄圓　3 個　穿入手鍊中

將每個零件插入手鍊孔中

NO. 61

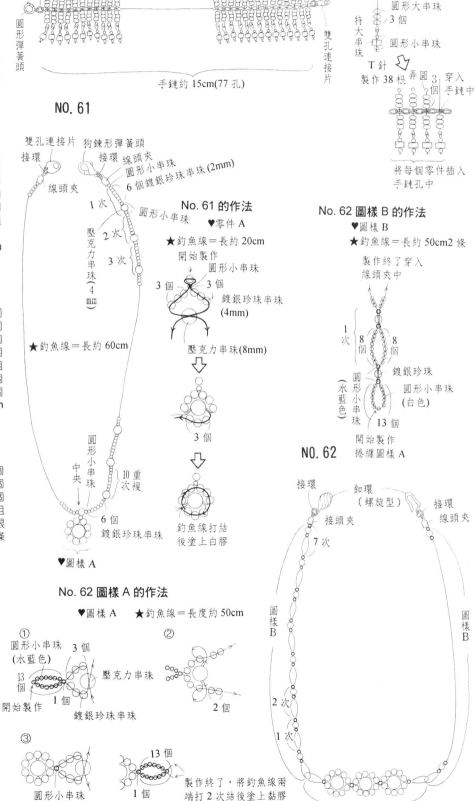

雙孔連接片
接環
狗鍊形彈簧頭
接環　線頭夾
圓形小串珠
6 個鍍銀珍珠串珠(2mm)
線頭夾
1 次
2 次
3 次
壓克力串珠（ 4mm ）
★釣魚線＝長約 60cm
圓形小串珠中央
6 個鍍銀珍珠串珠
♥圖樣 A

No. 61 的作法
♥零件 A
★釣魚線＝長約 20cm
開始製作
圓形小串珠
3 個　　3 個
鍍銀珍珠串珠（4mm）
壓克力串珠(8mm)
3 個
10 重次複
釣魚線打結後塗上白膠

No. 62 圖樣 B 的作法
♥圖樣 B
★釣魚線＝長約 50cm 2 條
製作終了穿入線頭夾中
1 次
8 個　　8 個
圓形小串珠（水藍色）
鍍銀珍珠
圓形小串珠（白色）
13 個
開始製作
捲纏圖樣 A

NO. 62
接環
釦環（螺旋型）
接環
接頭夾　　　線頭夾
7 次
圖樣 B
2 次
1 次
圖樣 B
圖樣 A

No. 62 圖樣 A 的作法
♥圖樣 A　　★釣魚線＝長度約 50cm
① 圓形小串珠（水藍色）3 個
13 個
壓克力串珠
開始製作　1 個
鍍銀珍珠串珠
② 2 個
③ 13 個
圓形小串珠（水藍色）　1 個
製作終了，將釣魚線兩端打 2 次結後塗上黏膠，線頭再穿入串珠中。

NO. 64
螺絲耳環
9 針
水晶切割串珠(6mm)
圓形小串珠 5 個
水晶切割串珠(8mm)
接環
T 針

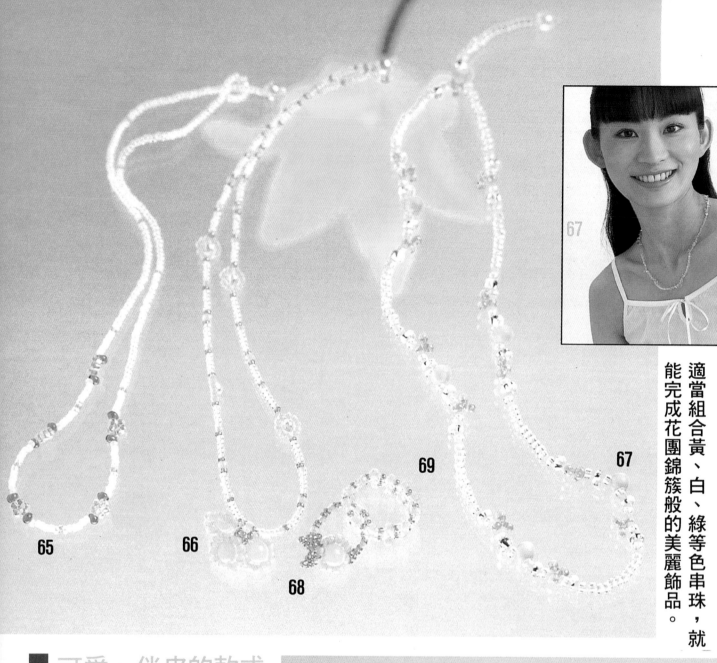

適當組合黃、白、綠等色串珠，就能完成花團錦簇般的美麗飾品。

67

69

65

66

68

67

可愛、俏皮的款式
充滿愛戀的浪漫黃

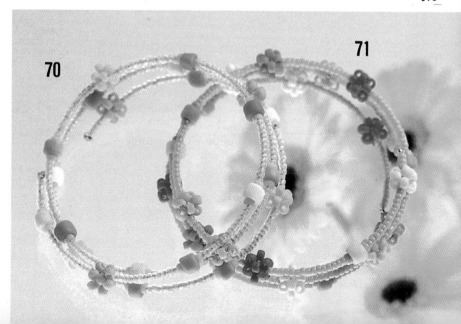

70

71

65　這款項鍊後面的釦環也是用串珠製作。

66　這款項鍊花朵般的墜飾是設計重點。

67　這款項鍊的設計，細緻且充滿羅曼蒂克。

68、69　這兩款戒指有可愛的花型設計。

70、71　這兩款手鍊加上了串珠球，造型更可愛。

72　這條鍊子可以當作項鍊和手鍊！

73、74　這兩款短項鍊造型相同，但顏色不同。

這幾款飾品，適合搭
配背心形洋裝，明亮
的黃色串珠，活潑又
俏麗。

編　號	項　目	作　法
65	項　鍊	第 26 頁
66	項　鍊	第 26 頁
67	項　鍊	第 26 頁
68	戒　指	第 27 頁
	戒　指	第 27 頁
70・71	手　鍊	第 27 頁
72	項　鍊	第 71 頁
73・74	短項鍊	第 71 頁

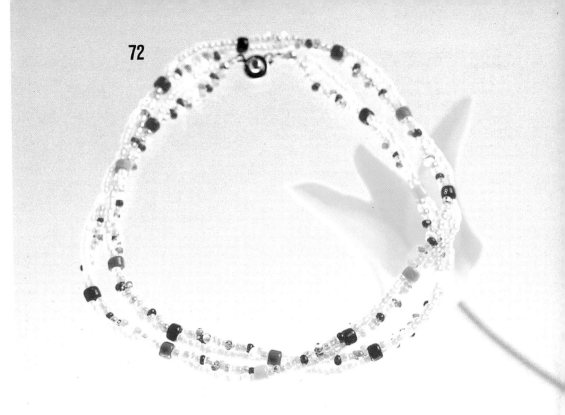

72

72

74

73

74

第24頁 65　長度＝約40cm
◆材料◆　（使用 TOHO 串珠）
圓形小串珠（霧面透明 1F）	62 個
圓形小串珠（黃綠 4）	10 個
圓形小串珠（透明 101）	184 個
混合月牙形（3mm 綠色 BM60）	10 個
花形串珠（黃色 α-2410）	2 個
花形串珠（黃綠色 α-2412）	3 個
項鍊頭串珠（圓形 6mm 黃綠 164）	1 個
釣魚線（3 號 6-11-3）	約1m20cm

第24頁 66　長度＝約39cm
◆材料◆　（使用 TOHO 串珠）
圓形小串珠（透明 1）	166 個
圓形小串珠（綠 108）	63 個
圓形小串珠（黃色 974）	60 個
圓形大串珠（黃色 974）	48 個
項鍊頭串珠（4mm 黃綠色 164）	4 個
項鍊頭串珠（6mm 黃綠色 164）	1 個
螢光串珠（7mm 黃綠色 α-1002-7）	3 個
彩色釣魚線（3 號 橘色 α-713）	約2m

第24頁 67　長度＝約47cm
◆材料◆　（使用 TOHO 串珠）
圓形小串珠（黃綠色 144F）	115 個
圓形大串珠（透明 1）	134 個
混合月牙形（3mm 綠色 BM61）	36 個
月牙串珠（4mm 透明 21）	24 個
壓克力串珠（黃綠 α-2350）	5 個
項鍊頭串珠（圓形 6mm 黃色 175）	1 個
彩色釣魚線	
（3 號 綠色 α-712）	約1m50cm

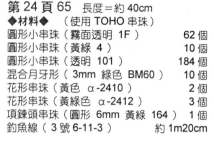

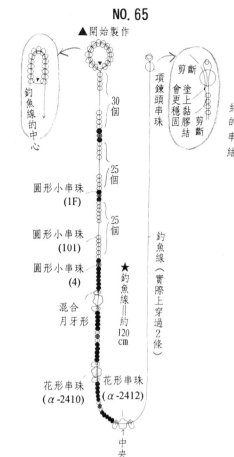

▲開始製作

釣魚線的中心

30 個

圓形小串珠
(1F)

25 個

圓形小串珠
(101)

25 個

圓形小串珠
(4)

混合
月牙形

★釣魚線＝約120cm

花形串珠
（α-2410）

花形串珠
（α-2412）

中央

釣魚線（實際上穿過2條）

剪斷
項鍊頭串珠
剪斷
項鍊頭串珠會塗上黏膠更穩固結

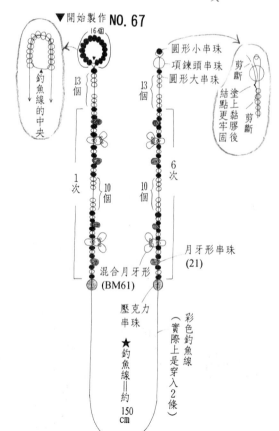

▼開始製作 NO. 67

16個

釣魚線的中央

13個

13個

1次

6次

10個

10個

圓形小串珠
項鍊頭串珠
圓形大串珠

剪斷
結點塗上黏膠更牢固後
剪斷

月牙形串珠
(21)

混合月牙形
(BM61)

壓克力串珠

★釣魚線＝約150cm

彩色釣魚線（實際上是穿入2條）

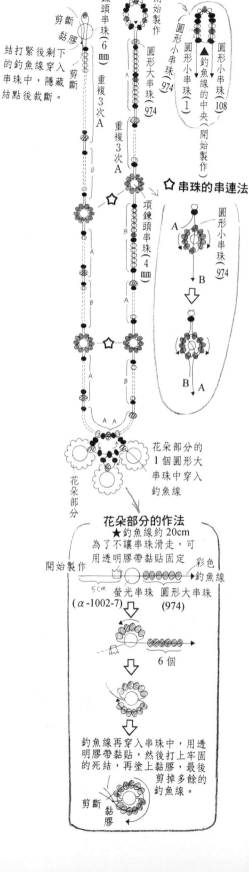

NO. 66

★釣魚線約104cm
（取 2 條）

▲開始製作

項鍊頭串珠（6mm）重複3次A

圓形小串珠(1) 108

釣魚線的中央（開始製作）

剪斷
黏膠
結打緊後剩下的釣魚線穿入串珠中，隱藏結點後裁斷。

圓形大串珠(974)

重複3次A

項鍊頭串珠（4mm）

☆串珠的串連法

圓形小串珠(974)

花朵部分

花朵部分的1個圓形大串珠中穿入釣魚線

花朵部分的作法
★釣魚線約20cm
為了不讓串珠滑走，可用透明膠帶黏貼固定

開始製作

5cm

螢光串珠（α-1002-7）　圓形大串珠（974）　彩色釣魚線

6 個

釣魚線再穿入串珠中，用透明膠帶黏貼，然後打上牢固的死結，再塗上黏膠，最後剪掉多餘的釣魚線。

剪斷
黏膠

NO. 68

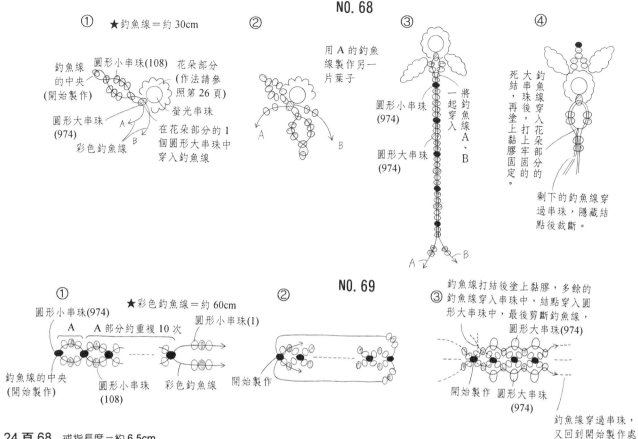

① ★釣魚線＝約30cm

釣魚線的中央（開始製作）

圓形小串珠(108)

花朵部分（作法請參照第26頁）

螢光串珠

圓形大串珠(974)

彩色釣魚線

A

B

在花朵部分的1個圓形大串珠中穿入釣魚線

②

③

用A的釣魚線製作另一片葉子

圓形小串珠(974)

圓形大串珠(974)

將釣魚線A、B一起穿入

④

釣魚線穿入花朵部分的大串珠後，打上牢固的死結，再塗上黏膠固定。

剩下的釣魚線穿過串珠，隱藏結點後裁斷。

A

B

NO. 69

①

圓形小串珠(974)

A   A部分約重複10次

圓形小串珠(1)

釣魚線的中央（開始製作）

圓形小串珠(108)

★彩色釣魚線＝約60cm

彩色釣魚線

②

開始製作

③ 釣魚線打結後塗上黏膠，多餘的釣魚線穿入串珠中，結點穿入圓形大串珠中，最後剪斷釣魚線。

圓形大串珠(974)

開始製作 圓形大串珠(974)

釣魚線穿過串珠，又回到開始製作處

第24頁68　戒指長度＝約6.5cm
◆材料◆　（使用TOHO串珠）
圓形小串珠（綠色 108）　　46 個
圓形小串珠（黃色 974）　　5 個
圓形大串珠（黃色 974）　　16 個
螢光串珠（7mm 黃綠色 α-1002-8）1 個
彩色釣魚線（3號 橘色 α-713）　約50cm

第24頁69　、戒指長度＝約6.5cm
◆材料◆　（使用TOHO串珠）
圓形小串珠（透明 1）　　48 個
圓形小串珠（綠色 108）　　24 個
圓形小串珠（黃色 974）　　12 個
圓形大串珠（黃色、974）　　24 個
彩色釣魚線（3號 黃色 α-713）　約60cm

第24頁70　、自由尺寸
◆材料◆　（使用TOHO串珠）
圓形大混合串珠（雙色 BM211）　84 個
特大混合串珠（5.5mm 4色 BM21）16 個
圓形小串珠（黃色 974）　　340 個
圓形大串珠（黃色 42BF）　　32 個
鋼琴圈線（金色 9-50-1G）　約66.5cm
固定環（金色 α-704G）　　2 個
◆串珠球是以圓形大混合串珠(BM211)製作。

第24頁71　、自由尺寸
◆材料◆　（使用TOHO串珠）
圓形混合串珠（4色 BM212）　　168 個
特大混合串珠（5.5mm 雙色 BM21）8 個
圓形小串珠（黃綠色 44）　　333 個
圓形大串珠（黃綠色 44）　　16 個
鋼琴圈線（金色 9-50-1）　約66.5cm
固定環（金色 α-704G）　　2 個

NO. 70•71

★ No70、71的鋼琴圈線＝約66.5cm

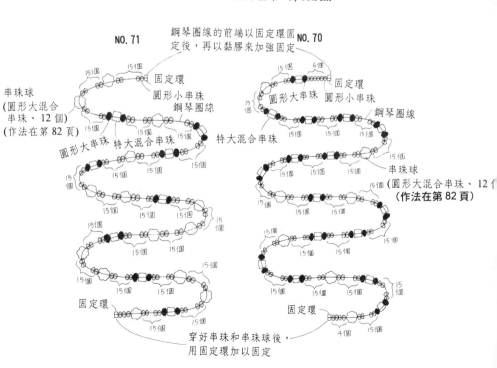

鋼琴圈線的前端以固定環固定後，再以黏膠來加強固定

NO. 71

串珠球（圓形大混合串珠、12個）（作法在第82頁）

圓形大串珠

特大混合串珠

固定環

固定環

NO. 70

固定環

圓形大串珠 圓形小串珠

鋼琴圈線

特大混合串珠

串珠球（圓形大混合串珠、12個）（作法在第82頁）

固定環

穿好串珠和串珠球後，用固定環加以固定

75

76

77

充滿羅曼蒂克的串珠
俏皮可愛的
粉紅色

編　號	項　目	作　法
75	項　鍊	第 30 頁
76	項　鍊	第 30 頁
77	項　鍊	第 72 頁
78	手　鍊	第 30 頁
79	短 項 鍊	第 31 頁
80	短 項 鍊	第 31 頁
81	項　鍊	第 73 頁
82	耳　環	第 31 頁
83	項　鍊	第 73 頁
84	耳　環	第 31 頁

75 時髦的串珠款式，充滿浪漫氣息。
76 這款項鍊的特殊設計，是如花朵般捲繞的彩色鐵絲。
77 這款項鍊前方有特殊的交叉墜飾設計。
78 手鍊的櫻桃設計，讓作品更可愛。
79 這款項鍊和 78 主題相同，在前方有櫻桃墜飾的設計。
80 帶葉片的黑色櫻桃，是這款項鍊的設計重點。
81 輕飄飄的質感是這款項鍊的主要特色。
82 這款耳環和 81 的項鍊是成套的設計。
83 這款項鍊是絨毛狀和透明感串珠的組合。
84 這是一款墜掛式的可愛耳環。

稚嫩的粉紅色人氣持續
攀升！現在就讓我們向
帶有些許思念情懷的作
品邁進。

78

79

80

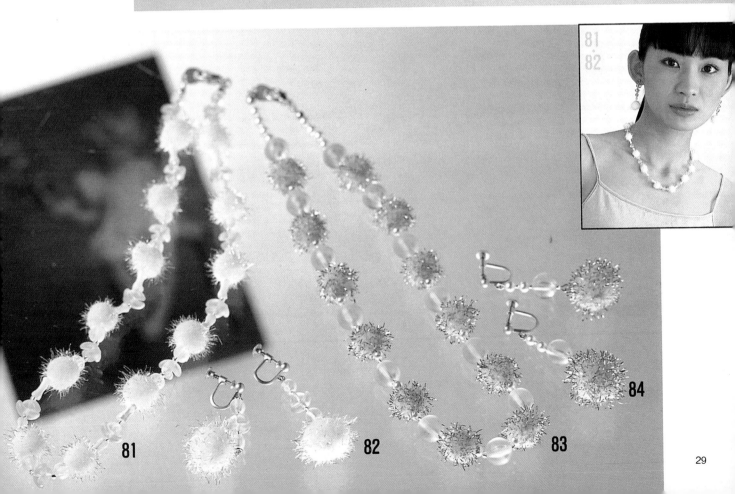

81

82

83

84

第28頁 75　手鍊長度＝約35cm
◆材料◆　（使用 TOHO 串珠）
月牙形串珠（4mm 透明 M161）　　　6個
月牙形串珠（4mm 螢光黃綠色 M184）　8個
花形串珠（淡粉紅 α-2408）　　　　6個
花形串珠（桃紅色 α-2411）　　　　7個
釦環組（霧面金 α-500GF）　　　　1組
（圓形彈簧頭、雙孔連接片、接環）
固定環（金 α-804G）　　　　　　12個
彩色飾品用線（粉紅色 α-776）　約50cm
◆固定環的間隔相等。

第28頁 76　手鍊長度＝約35cm
◆材料◆　（使用 TOHO 串珠）
貓眼串珠（4mm 粉紅色 α-1104）　　6個
壓克力串珠（6mm 透明 α-225）　　6個
月牙形串珠（螢光黃綠色 M184）　12個
月牙形串珠（透明 M21）　　　　16個
彩色飾品用線（粉紅色 α-776）約1m20cm
美術用鐵絲（0.75mm
　　粉紅色 11-20-4）　　　　約1m50cm
釦環組（復古型 α-501GF）　　　　1組
〔狗鍊形彈簧頭、雙孔連接片、接環〕
固定環（金色 α-704G）
◆在等距離處安上美術用鐵絲。

第29頁 78　手鍊長度＝約16cm
◆材料◆　（使用 TOHO 串珠）
水晶切割串珠（6mm 粉紅色 J-53-7）　4個
圓形小串珠（綠色 242）　　　　149個
飾品用繩（固定環4個）
（銀色、α-700）　　　　　　　約30cm
釦環組（固定環銀色 α-503MS）　　1組
〔釦式項鍊頭〕
釣魚線（2號 6-11-1）　　　　　約40cm

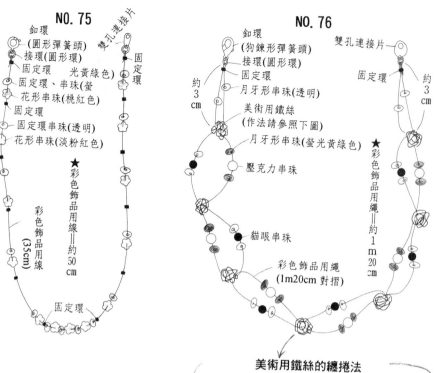

NO. 75

釦環
（圓形彈簧頭）
接環（圓形環）
固定環、串珠
（螢光黃綠色）
固定環、串珠（螢
花形串珠（桃紅色）
固定環
固定環串珠（透明）
花形串珠（淡粉紅色）

雙孔連接片
固定環

★彩色飾品用線（35cm）
彩色飾品用線＝約50cm

固定環

NO. 76

釦環
（狗鍊形彈簧頭）
接環（圓形環）
固定環
月牙形串珠(透明)
美術用鐵絲
（作法請參照下圖）
月牙形串珠(螢光黃綠色)
壓克力串珠
貓眼串珠
彩色飾品用繩
（1m20cm 對摺）

雙孔連接片
固定環
約3cm

★彩色飾品用繩＝約1m20cm
約3cm

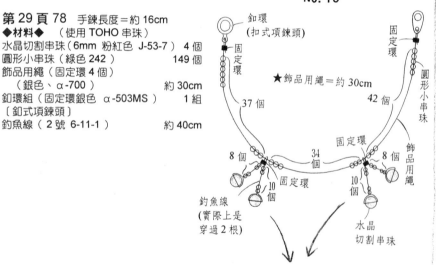

NO. 78

釦環
（扣式項鍊頭）
固定環
37個
8個
固定環
釣魚線
（實際上是穿過2根）
10個

★飾品用繩＝約30cm

固定環
34個
8個

固定環
圓形小串珠
42個
飾品用繩
10個
水晶切割串珠

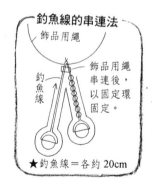

釣魚線的串連法
飾品用繩
釣魚線
飾品用繩串連後，以固定環固定。
★釣魚線＝各約20cm

美術用鐵絲的纏捲法

①將長15cm 的美術用鐵絲的一端向上彎摺，並用手握住，另一端用鉗子夾住。
　2cm
　15cm
　鉗子

②用鉗子開始將鐵絲捲繞1圈半。
　捲成小圈

③鉗子改換捲繞的方向，同時將鐵絲以呈圓圈的方式捲繞
　①的2cm

④剩下2cm 的鐵絲，如圖所示般用固定環和飾品用繩捲纏

內側透視圖

固定環
裝飾用繩呈十字形

讓美術用鐵絲不要有突出的部分，所以請全部纏上。

第29頁 79　項鍊長度＝約38cm

◆材料◆　（使用 TOHO 串珠）

水晶切割串珠（8mm 粉紅色 J-53-7）　2 個
圓形小串珠（綠色 242）　309 個
狗鍊形彈簧頭附飾品用繩
　（霧面銀 α-510）　約50cm
釣魚線（2 號 6-11-1）　約40cm
固定環（金色 α-704G）　1 個

第29頁 80　項鍊長度＝約40cm

◆材料◆　（使用 TOHO 串珠）

水晶切割串珠（8mm 黑色 J-53-10）　2 個
圓形小串珠（黑 49）　260 個
圓形小串珠（綠 249）　63 個
狗鍊形彈簧頭附飾品用繩
　（霧面銀 α-510）　約50cm
釣魚線（2 號 6-11-1）　約30cm
彩色鐵絲（綠色 11-28-4）　約50cm
固定環（金色 α-704G）　1 個

第29頁 82　長度＝約6cm

◆材料◆　（使用 TOHO 串珠）

壓克力串珠（6mm 透明 225）　4 個
壓克力串珠（變形 粉紅色 α-210）　4 個
壓克力串珠（變形 粉紅色 α-210）　4 個
絨球串珠（15mm 白色 6-28-1）　2 個
圓形小串珠（粉紅色 26）　4 個
螺絲耳環（霧面銀 α-543MS）　1 組
T 針（22mm 霧面銀 α-514MS）　2 根
9 針（30mm 霧面銀 α-516MS）　2 根

第29頁 84　長度＝約6cm

◆材料◆　（使用 TOHO 串珠）

絨球串珠（15mm 粉紅色 6-28-2）　2 個
壓克力串珠（10mm 粉紅色 α-204）　2 個
圓形小串珠（粉紅色 26）　6 個
彩色珍珠串珠（4mm 粉紅色 103）　4 個
螺絲耳環（霧面銀 α-543MS）　1 組
T 針（22mm 霧面銀 α-514MS）　2 根
9 針（30mm 霧面銀 α-516MS）　2 根

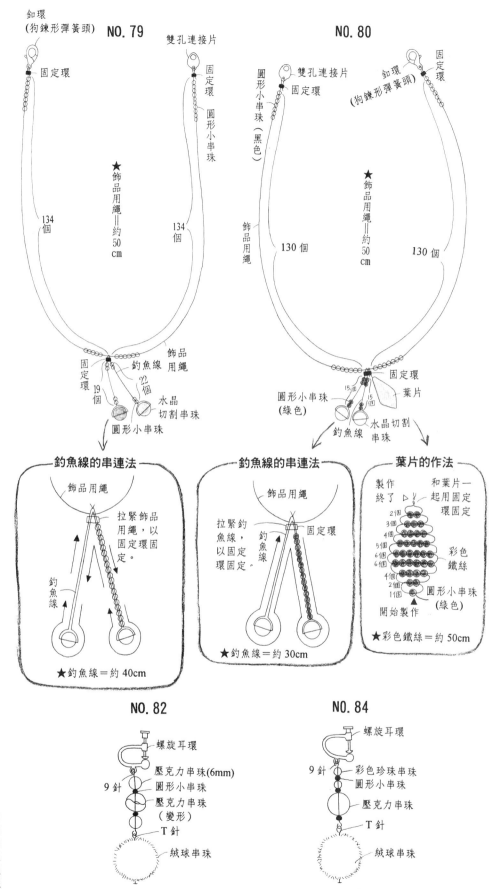

85

86

87

紅色在今年獨領風騷！

熱情華麗
的正紅色

編 號	項 目	作 法
85	短項鍊	第34頁
86	項　鍊	第34頁
87	項　鍊	第68頁
88	項　鍊	第35頁
89	耳　環	第34頁
90	短項鍊	第70頁
91·92	手　鍊	第35頁

85 這款短項鍊中央穿有皮繩。
86 這款項鍊的釦環是設計在前方。
87 這款是以9針連接的Y型項鍊。
88 這是以T針製作的獨特設計。
89 這款是以8mm串珠和串珠球製作而成。
90 這款紅色水晶串珠十分可愛。
91 這是以鋼琴圈線製作的手鍊。
92 這條手鍊和91同款式，另外還加
　　上紅色串珠。

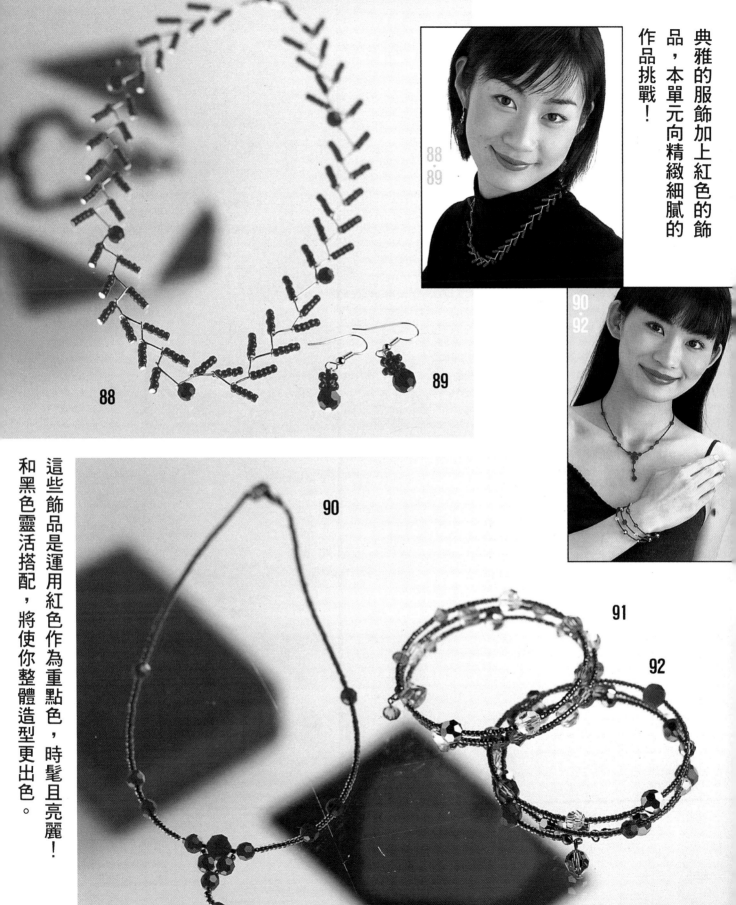

典
雅
的
服
飾
加
上
紅
色
的
飾
品
，
本
單
元
向
精
緻
細
膩
的
作
品
挑
戰
！

88

89

90

91

92

和
黑
色
靈
活
搭
配
，
將
使
你
整
體
造
型
更
出
色
。

這
些
飾
品
是
運
用
紅
色
作
為
重
點
色
，
時
髦
且
亮
麗
！

第32頁85 手鍊長度＝最大長度約46.5cm
◆材料◆ （使用TOHO串珠）
壓克力串珠（切割串珠6mm
　霧面紅 α-263-6） 24個
壓克力串珠（切割串珠6mm
　紅色 α-263-6） 34個
圓形大串珠（忽綠忽紫85） 241個
釦環組（燻黑 α-5011） 1組
〔狗鍊形彈簧頭、接環〕
接環（圓形環3.8cm 燻黑 α-5321） 2個
9針（30mm 燻黑 α-5161） 5根
T針（22mm 燻黑 α-5141） 1根
軟皮繩（平3mm 灰色110） 約55cm
釣魚線（3號 6-11-3） 約2m

第32頁86 手鏈長度＝約37cm
◆材料◆ （使用TOHO串珠）
水晶切割串珠（6mm 紅色 J-56-6） 10個
水晶切割串珠（8mm 紅色 J-53-6） 1個
圓形大串珠（紅色330） 1個
圓形小串珠（紅色330） 286個
釦環組（霧面銀 α-501MS） 1組
〔狗鍊形彈簧頭、接環、線頭夾〕
接環（圓形環3.8mm
　霧面銀、α-532MS） 1個
接環（圓形環5mm
　霧面銀 α-533MS） 2個
T針（22mm 霧面銀 α-514MS） 1根
釣魚線（2號 6-11-1） 約1m45cm

第33頁89 長度＝約2cm
◆材料◆ （使用TOHO串珠）
水晶切割串珠（8mm 紅色 J-53-6） 2個
圓形大串珠（紅色45） 24個
鉤式耳環（金色 9-12-23G） 1組
T針（22mm 金色 9-9-1G） 2根
釣魚線（3號 6-11-3） 約80cm

NO.89

鉤式耳環

（作法在82頁）

串珠球（圓形大串珠12個）

水晶
切割串珠

T針

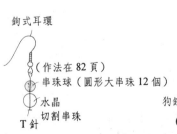

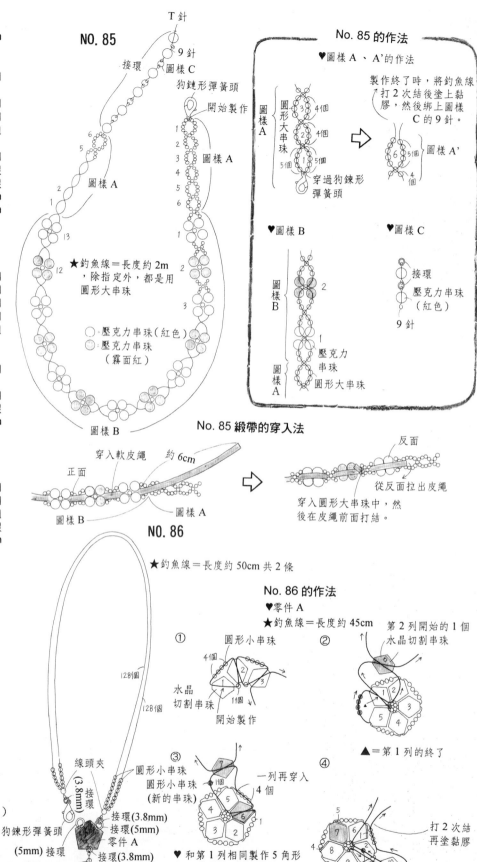

第 33 頁 88　項鍊長度＝約 46cm
◆材料◆　（使用 TOHO 串珠）
水晶切割串珠（6mm 紅色 J-52-6）　5 個
圓形大串珠（紅色 45）　290 個
釦環（扣式項鍊頭 金色 9-1-3S）　1 組
接環（圓形環 3.8mm 金色 9-6-4S）　2 個
9 針（30mm 金色 9-8-1S）　1 根
T 針（22mm 金色 9-9-1S）　62 根

第 33 頁 91　自由尺寸
◆材料◆　（使用 TOHO 串珠）
水晶切割串珠（8mm 晨光色 J-53-2）　6 個
水晶切割串珠（8mm 七彩 J-53-11）　2 個
水晶切割串珠（8mm 粉紅色 J-53-7）　4 個
水晶切割串珠
　（6mm 粉紅色 J-56-7）　10 個
水晶切割串珠（心形 粉紅色 J-59-7）　2 個
切割串珠（忽綠忽藍 CR86）　287 個
鋼琴圈線（銀色 9-50-1S）　約 63cm
T 針（22mm 燻黑 α-514）　2 根
線頭夾（燻黑 α-5351）　2 個
固定環（銀色 α-704S）　2 個

第 33 頁 92　自由尺寸
◆材料◆　（使用 TOHO 串珠）
水晶切割串珠（8mm 紅色 J-53-6）　4 個
水晶切割串珠（6mm 紅色 J-52-6）　1 個
水晶切割串珠
　（8mm 亮面 J-53-11）　10 個
水晶切割串珠（6mm 亮面 J-52-11）　4 個
水晶切割串珠
　（6mm 晨光色 J-52-2）　5 個
圓形小串珠（紫色 251）　287 個
鋼琴圈線（銀色 9-50-1S）　約 63cm
T 針（22mm 燻黑 α-5141）　2 根
線頭夾（燻黑 α-5351）　2 個
固定環（銀色 α-704S）　2 個

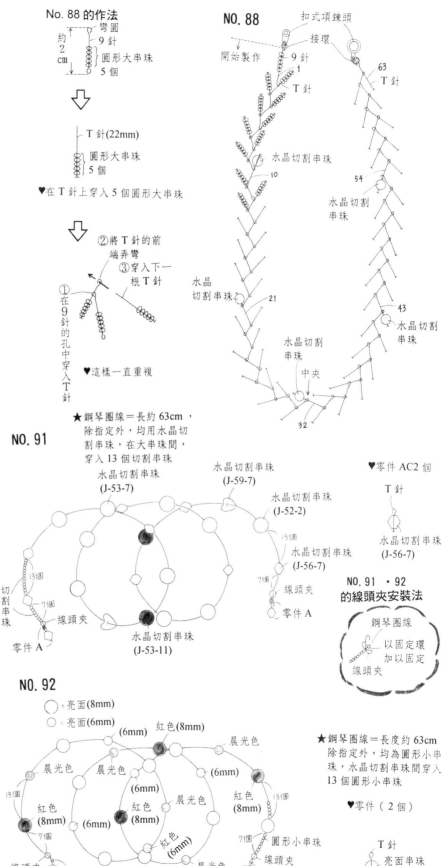

No. 88 的作法

彎圓
約 2cm
9 針
圓形大串珠
5 個

T 針(22mm)
圓形大串珠
5 個

♥在 T 針上穿入 5 個圓形大串珠

①在 9 針的孔中穿入 T 針
②將 T 針的前端弄彎
③穿入下一根 T 針

♥這樣一直重複

★鋼琴圈線＝長約 63cm，除指定外，均用水晶切割串珠，在大串珠間，穿入 13 個切割串珠

NO. 88
扣式項鍊頭
接環
開始製作
9 針
T 針
63
T 針
水晶切割串珠
10
54
水晶切割串珠
水晶切割串珠
21
43
水晶切割串珠
水晶切割串珠
中央
32

NO. 91
水晶切割串珠
(J-53-7)
水晶切割串珠
(J-59-7)
水晶切割串珠
(J-52-2)
131個
水晶切割串珠
(J-56-7)
71個
線頭夾
零件 A
131個
切割串珠
71個
線頭夾
零件 A
水晶切割串珠
(J-53-11)

♥零件 AC2 個
T 針
水晶切割串珠
(J-56-7)

NO. 91・92
的線頭夾安裝法
鋼琴圈線
以固定環加以固定
線頭夾

NO. 92
＝亮面(8mm)
＝亮面(6mm)

(6mm)　紅色(8mm)　晨光色
晨光色　晨光色　(6mm)
紅色(8mm)　(6mm)　紅色(8mm)
131個　(6mm)　晨光色　131個
71個　紅色(6mm)　71個
線頭夾　零件　晨光色
圓形小串珠
線頭夾
零件

★鋼琴圈線＝長度約 63cm 除指定外，均為圓形小串珠，水晶切割串珠間穿入 13 個圓形小串珠

♥零件（2 個）
T 針
亮面串珠
(8mm)

93

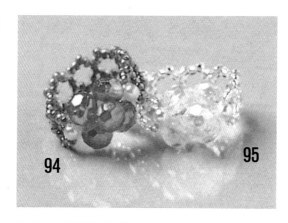

94　**95**

可以多做幾只串珠戒指，隨喜好任意搭配配戴。

96　　**97**

98　**99**　　**100**

105
106
107

101　　**104**　**103**　**102**

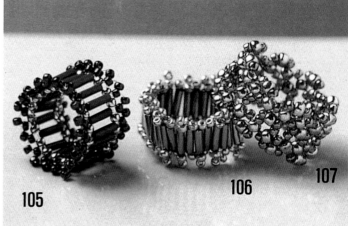

105　　**106**　　**107**

因為作法簡單，所以想大量製作！

亮麗、時髦的戒指和髮飾

93　這款藍配黑的戒指是漂亮的圓弧造型。
94、95　這兩款戒指是採同色系搭配設計。
96、97　這兩款戒指是獨特的蕾絲造型設計。
98、99　這兩款戒指是以四角形串珠製成的清新設計。
100　運用流行的色彩使戒指充滿魅力。
101～104　以黑色為基色調，使這三款以切割串珠製成的花朵圖飾戒指，充滿獨特的風格。
105、106　這兩款戒指是以竹製串珠組合而成。
107　古銅色系的串珠，讓戒指典雅細緻。

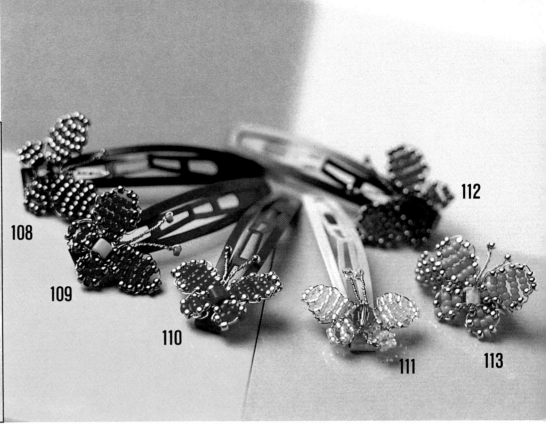

108 ～ 112　蝶型髮夾俏皮可愛！
113　製作和髮飾相同蝴蝶的戒指。
114 ～ 116　這三款是亮片製作的髮箍。
117 ～ 120　運用不同顏色的亮片來裝飾髮夾！

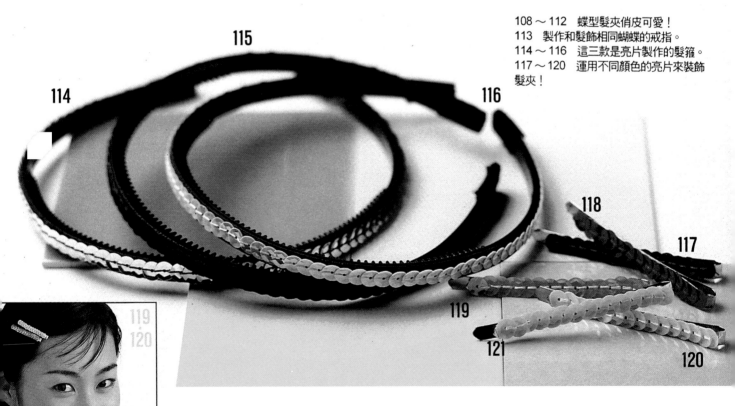

本單元介紹的是流行的時尚飾品，如果自己親自製作，可根據喜好，製作不同顏色，適合自己的各種款式，樂趣無窮喲！

第 36 頁 93　戒指長度＝約 6.5cm
◆材料◆　（使用 TOHO 串珠）
水晶切割串珠
　（4mm 海藍色 J-54-12）　　12 個
水晶切割串珠（4mm 黑色 J-54-10）　12 個
圓形小串珠（深藍色 82）　　42 個
釣魚線（3 號 6-11-3）　　約 70cm

① ★釣魚線＝約 70cm

釣魚線
水晶切割串珠
(J-54-10)
水晶切割串珠
(J-54-12)

②

③

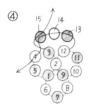

④

⑤

⑥

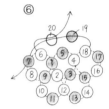

⑦　圓形小串珠

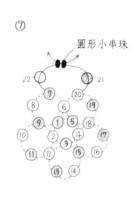

⑧
11 次
10 次
2 次
1 次
根據①～⑦
步驟製作的
半圓球形

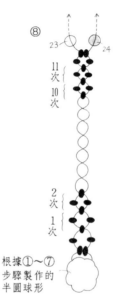

⑨

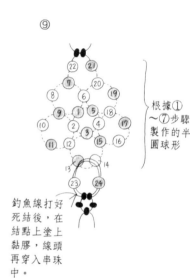

根據①～⑦步驟製作的半圓球形

釣魚線打好死結後，在結點上塗上黏膠，線頭再穿入串珠中。

第 36 頁 94　戒指長度＝約 6.5cm
◆材料◆　（使用 TOHO 串珠）
項鍊頭串珠（切割串珠 6mm
　水藍色 C-163）　　5 個
圓形小串珠（水藍色 953）　　88 個
珍珠串珠（圓形 3mm 七彩色 201）　2 個
釣魚線（3 號 6-11-3）　　約 80cm

第 36 頁 95　戒指長度＝約 6.5cm
◆材料◆　（使用 TOHO 串珠）
項鍊頭串珠（切割串珠 6mm
　晨光色 C-161）　　5 個
圓形小串珠（鍍銀 21）　　88 個
珍珠串珠（圓形 3mm 白色 200）　　2 個
釣魚線（3 號 6-11-3）　　約 80cm

Ⓐ 的作法(①～⑤)

① ★釣魚線＝約 30cm

釣魚線　項鍊頭串珠
①②③④

②
釣魚線拉緊後，打上死結。

③
穿入 2 根一起

④

⑤
珍珠串珠

⑥ ★釣魚線＝約 50cm

9 次　8 次

回頭開始製作

圓形小串珠

2 次 1 次　珍珠串珠

Ⓐ

製作終了時，用力拉緊穿過串珠的釣魚線並打結，在結點上塗上黏膠，線端再穿入串珠中。

第36頁 96　戒指長度＝約6.5cm
◆材料◆　（使用 TOHO 串珠）
水晶切割串珠（4mm 黑色 J-54-10）　9 個
圓形小串珠（黑色 49）　90 個
釣魚線（3 號 9-11-3）　約 55cm

第36頁 97　戒指長度＝約6.5cm
◆材料◆　（使用 TOHO 串珠）
水晶切割串珠（4mm 紫色 J-54-8）　9 個
切割串珠（紫色 CR6C）　90 個
釣魚線（3 號 6-11-3）　約 55cm

第36頁 98　戒指長度＝約6.5cm
◆材料◆　（使用 TOHO 串珠）
四角形串珠（3mm 綠色 354）　27 個
珍珠串珠（圓形 2mm 金屬銀 300）　36 個
釣魚線（3 號 6-11-3）　約 55cm

第36頁 99　戒指長度＝約6.5cm
◆材料◆　（使用 TOHO 串珠）
四角形串珠（3mm 藍色 33）　18 個
珍珠串珠（圓形 2mm 金屬銀 300）　48 個
釣魚線（3 號 6-11-3）　約 55cm

第36頁 100　戒指長度＝約6.5cm
◆材料◆　（使用 TOHO 串珠）
圓形小串珠（水藍色 55）　20 個
圓形小串珠（深褐色 222）　60 個
項鍊頭串珠（切割串珠
　4mm 黃綠色 C-164）　10 個
釣魚線（3 號 6-11-3）　約 55cm

第36頁 101～104　戒指長度＝約6.5cm
◆材料（1點份）◆　（使用 TOHO 串珠）
水晶切割串珠
　（4mm 海青色 J-54-12）　12 個
圓形小串珠（黑色 49）　71 個
釣魚線（3 號 6-11-3）　約 55cm
◆ No102 是使用水晶切割串珠（紅色、 J-54-6）、No103 是使用水晶切割串珠（紫色、J-54-8）、No104 是使用水晶切割串珠（翡翠綠、J-54-5）。

NO. 96・97
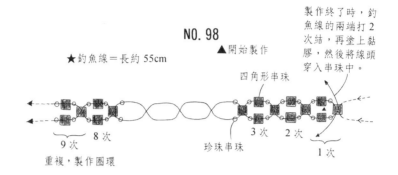

NO. 98
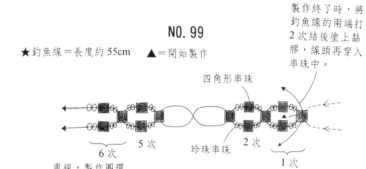

NO. 99
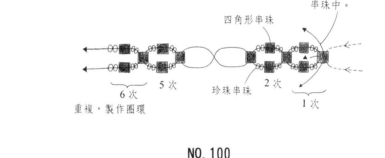

NO. 100
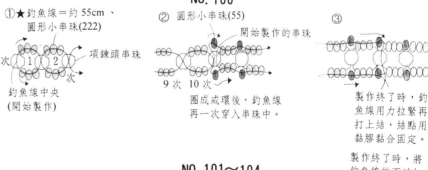

NO. 101～104
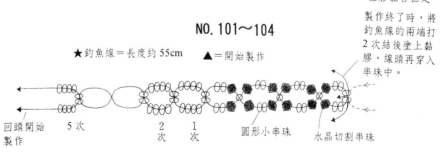

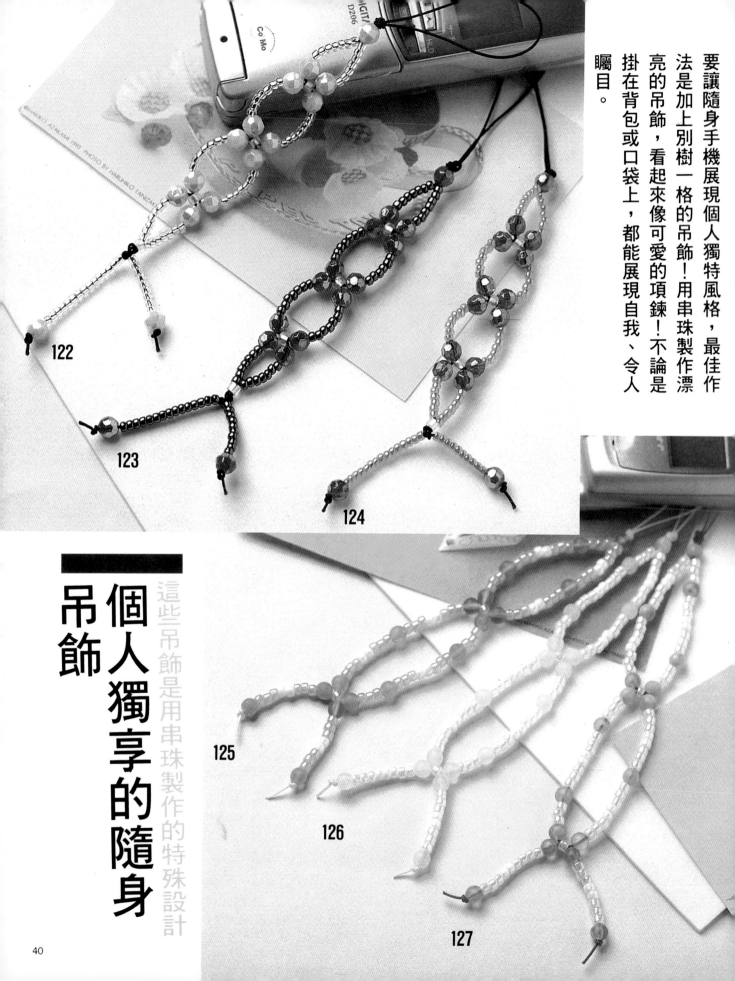

要讓隨身手機展現個人獨特風格，最佳作法是加上別樹一格的吊飾！用串珠製作漂亮的吊飾，看起來像可愛的項鍊！不論是掛在背包或口袋上，都能展現自我、令人曯目。

122

123

124

吊飾 個人獨享的隨身

這些吊飾是用串珠製作的特殊設計

125

126

127

122～124 以亮面的串珠製作,讓三款吊飾看起來彷彿手鍊一般,它們是相同的設計,但顏色不同。
125～127 利用霧玻璃般半透明串珠製作,充滿羅曼蒂克的氣氛。
128 利用可愛的四角形串珠球製作,使這款吊飾顯得活潑有朝氣。
129 這款吊飾呈現木質串珠的清新質感。
130 這款吊飾另加上輕爽的金屬墜飾。
131 四角形串珠呈現清新的風格。
132 這款獨特的吊飾設計,是在木質串珠上加上羽毛。
133 這款吊飾是原色和紅色串珠的搭配組合。
134 這款吊飾是木質串珠搭配皮繩。
135 這款吊飾和 134 是不同顏色的相同設計。

128
129
130
131
132
133
134
135

編　號	項　　　目	作　　法
122～124	吊　　飾	第 42 頁
125～127	吊　　飾	第 42 頁
128	吊　　飾	第 42 頁
129	吊　　飾	第 42 頁
130	吊　　飾	第 76 頁
131	吊　　飾	第 77 頁
132	吊　　飾	第 43 頁
133	吊　　飾	第 43 頁
134	吊　　飾	第 43 頁
135	吊　　飾	第 43 頁

41

第 40 頁 122　長度=約 20cm
◆材料◆　（使用 TOHO 串珠）
反光串珠(切割串珠 6mm 黃色 C-412) 15 個
圓形大串珠（鍍銀 21 ）　　　　81 個
特大串珠（4mm 霧面銀 21F ）　　4 個
彩色飾品用繩(9mm 黑色 α-744) 約 50cm

第 40 頁 123　長度=約 20cm
◆材料◆　（使用 TOHO 串珠）
反光串珠(切割串珠 6mm 紅色 C-165) 15 個
圓形大串珠（忽綠忽藍 81 ）　　　81 個
特大串珠（4mm 霧面銀 21F ）　　4 個
彩色飾品用繩(9mm 黑色 α-744) 約 50cm

第 40 頁 124　長度=約 20cm
◆材料◆　（使用 TOHO 串珠）
反光串珠(切割串珠 6mm 藍色 C-168) 15 個
圓形大串珠（水藍色 143 ）　　　81 個
特大串珠（4mm 霧面銀 21F ）　　4 個
彩色飾品用繩(9mm 黑色 α-744) 約 50cm

第 40 頁 125　長度=約 20cm
◆材料◆　（使用 TOHO 串珠）
壓克力串珠（6mm 水藍色 α-235-6） 17 個
特大串珠（4mm 白色 401 ）　　　16 個
特大串珠（4mm 水藍色 143 ）　　62 個
彩色飾品用繩（9mm 黃色 α-740） 約 50cm

第 40 頁 126　長度=約 20cm
◆材料◆　（使用 TOHO 串珠）
壓克力串珠（6mm 黃色 α-233-6） 17 個
特大串珠（4mm 白色 401 ）　　　16 個
特大串珠（4mm 米色 142 ）　　　62 個
彩色飾品用繩（9mm 黃色 α-740） 約 50cm

第 40 頁 127　長度=約 20cm
◆材料◆　（使用 TOHO 串珠）
壓克力串珠（6mm 粉紅色 α-231-6） 17 個
特大串珠（4mm 白色 401 ）　　　16 個
特大串珠（4mm 粉紅色 145 ）　　62 個
彩色飾品用繩（9mm 粉紅色 α-741）約 50cm

第 41 頁 128　長度=約 23cm
◆材料◆　（使用 TOHO 串珠）
新木製混合串珠（8mm 黃色 α-113）1 個
　　　　　　　（8mm 綠色 α-113）2 個
四角串珠（4mm 黃綠色）　　　　12 個
　　　　（4mm 黃色）　　　　　12 個
四角串珠（3mm 9 色）　　　　　72 個
特大串珠（5.5mm 橘色 42DF ）　48 個
墜飾部分（大象 木製 α-404 ）　1 個
9 針（30mm 銀色 9-8-1S ）　　　1 根
軟皮繩（平 3mm 淺褐色 102 ）　約 50cm
釣魚線（3 號 6-11-3 ）　　　　約 2m70cm

第 41 頁 129　長度=約 18cm
◆材料◆　（使用 TOHO 串珠）
四角形串珠（3mm 黃綠色 44F ）　2 個
特大混合串珠（5.5mm 黃綠色 BM20）11 個
　　　　　　（5.5mm 綠色 BM20）9 個
　　　　　　（5.5mm 黃色 BM20）9 個
長形雕花串珠（6×20mm α-409）2 個
雕花串珠（10mm α-406 ）　　　2 個
新木製混合串珠（8mm 黃色 α-113）1 個
　　　　　　　（8mm 綠色 α-113）3 個
木串珠（5×5mm 淺灰黃色 B55-1 ）16 個
墜飾部分（長頸鹿 木製 α-404 ）　1 個
9 針（30mm 銀色 9-8-1S ）　　　1 根
彩色飾品用繩（9mm 綠色 α-742） 約 40cm
釣魚線（3 號 6-11-3 ）　　　　約 50cm
線頭夾（銀色 9-4-1S ）　　　　1 個

NO. 122〜124

開始製作
彩色飾品用繩
約 55 cm
打結
圓形大串珠
反光串珠
特大串珠
打結
打結
★ 彩色飾品用繩長度=約 50 cm

NO. 125〜127

開始製作
彩色飾品用繩
約 5cm
打結
壓克力串珠
特大串珠 { 143(No125) 142(No126)145(No127) }
特大串珠 { 401(No125〜127) }
打結
★ 彩色飾品用繩=約 50 cm

NO. 128

約 6 cm
軟皮繩
約 4cm
打結（黃色）（綠色）
新木製混合串珠
特大串珠
6 個
軟皮繩（實際寬 3mm）
四角形混合串珠（4mm）
3 個
（黃色）（黃綠色）
3 個
3 個
3 個
3 個
在每一側都安上
串珠球
3 個串珠球 { （四角形混合串珠(3mm)）使用 9 個 }（作法在第 82 頁）
★ 軟皮繩=約 50 cm
新木質串珠（綠色）
9 字
墜飾部分（大象）

NO. 129

約 8cm
彩色飾品用繩（約 40cm）
打結
四角形串珠
繞數次
新木質串珠（黃色）
長形雕花串珠（α-409）
新木質串珠（綠色）
雕花串珠（α-406）
釣魚線
特大混合串珠（黃色）（綠色）（黃綠色）
木製串珠
釣魚線在 9 針上打結
墜飾部分（長頸鹿）
9 針
★ 彩色飾品用繩=約 40 cm。
★ 釣魚線=約 50 cm

彩色飾品用繩的繫綁法

彩色飾品用繩（約 40cm）
根部打好結後，剩下的線在靠近根部處剪斷。
彩色飾品用繩在串珠的拉根部打結。

第 41 頁 132　　長度＝約 23cm
◆材料◆　　（使用 TOHO 串珠）
木質串珠
（ 5 × 5mm 淺灰黃色 C55-1 ）　27 個
特大串珠（ 5.5mm 霧面褐 46F ）　19 個
特大混合串珠
（ 5.5mm 水藍色 MB20 ）　10 個
皮革用繩頭夾
（圓形 2mm 銀色 9-90S ）　1 個
接環（圓形環 3.8mm
　霧面銀 α-532MS ）　1 個
軟皮繩（平 3mm 深褐色 103 ）　約 50cm
雄雞的羽毛　　　　　　　　1 根

第 41 頁 133　　長度＝約 18cm
◆材料◆　　（使用 TOHO 串珠）
木質串珠
（ 5 × 5mm 淺灰黃色 C55-1 ）　10 個
（ 5 × 5mm 黑色 C55-7 ）　20 個
特大串珠（ 5.5mm 霧面白 41F ）　16 個
特大串珠（ 5.5mm 紅色 45 ）　2 個
皮革用繩頭夾
（圓形 2mm 銀色 9-90S ）　1 個
接環（圓形環 3.8mm
　霧面銀 α-532MS ）　1 個
軟皮繩（平 3mm 黑色 108 ）　約 50cm
雄雞羽毛　　　　　　　　　1 根

第 41 頁 134　　長度＝約 15cm
◆材料◆　　（使用 TOHO 串珠）
特大串珠（ 5.5mm 紅色 45 ）　24 個
特大混合串珠
（ 5.5mm 水藍色 BM21 ）　2 個
木質串珠
（ 5 × 5mm 淺灰黃色 C55-1 ）　18 個
（ 5 × 5mm 、黑色、 C55-7 ）　12 個
軟皮繩（平 3mm 黑色 108 ）　約 50cm

第 41 頁 135　　長度＝約 15cm
◆材料◆　　（使用 TOHO 串珠）
木質串珠（ 5 × 5mm 褐色 C55-2 ）32 個
特大混合串珠
（ 5.5mm 黃色 BM20 ）　4 個
（ 5.5mm 、黃綠色、 BM20 ）　12 個
（ 5.5mm 、綠色、 BM20 ）　6 個
軟皮繩（平 3mm 深褐色 103 ）　約 50cm

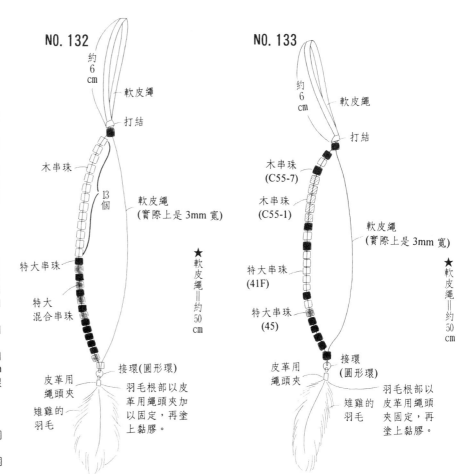

NO. 132　　　　NO. 133

約6cm
軟皮繩
打結
木串珠
13個
特大串珠
特大混合串珠
皮革用繩頭夾
雄雞的羽毛
軟皮繩(實際上是 3mm 寬)
★軟皮繩＝約 50cm
接環(圓形環)
羽毛根部以皮革用繩頭夾加以固定,再塗上黏膠。

約6cm
軟皮繩
打結
木串珠(C55-7)
木串珠(C55-1)
特大串珠(41F)
特大串珠(45)
皮革用繩頭夾
軟皮繩(實際上是 3mm 寬)
★軟皮繩＝約 50cm
接環(圓形環)
雄雞的羽毛
羽毛根部以皮革用繩頭夾固定,再塗上黏膠。

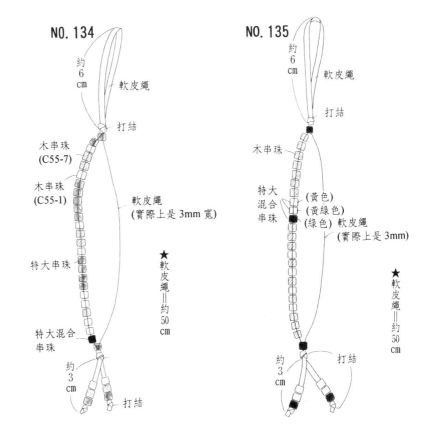

NO. 134　　　　NO. 135

約6cm
軟皮繩
打結
木串珠(C55-7)
木串珠(C55-1)
特大串珠
特大混合串珠
軟皮繩(實際上是 3mm 寬)
★軟皮繩＝約 50cm
約3cm
打結

約6cm
軟皮繩
打結
木串珠
特大混合串珠
(黃色)
(黃綠色)
(綠色) 軟皮繩(實際上是 3mm)
★軟皮繩＝約 50cm
約3cm
打結

136　137　138　139

銀製零件的搭配、
讓飾品呈現全然不同的風格。

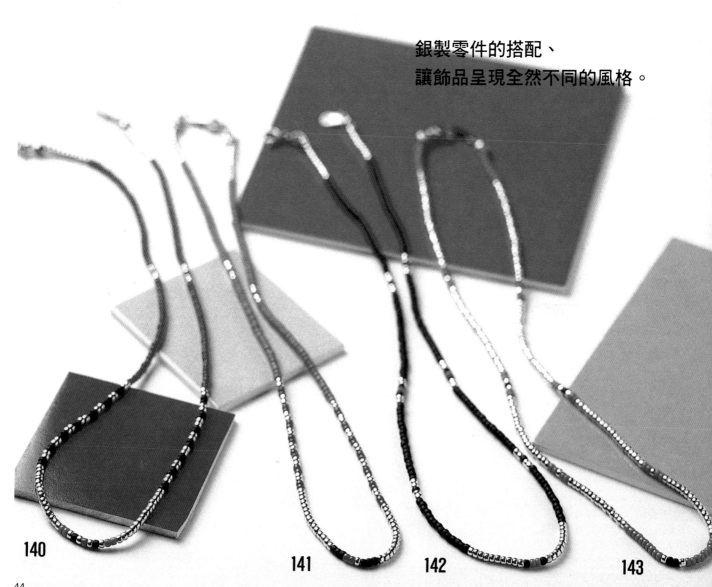

140　141　142　143

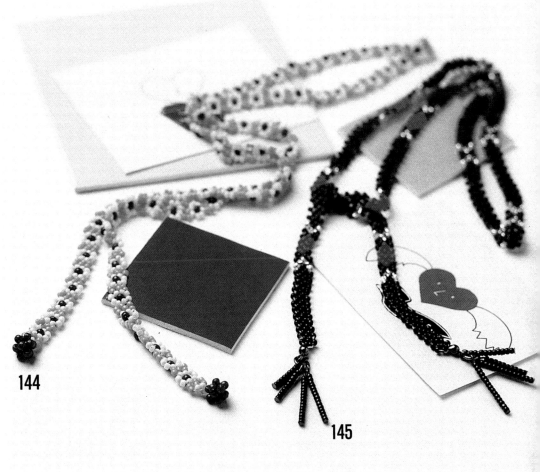

144

145

賞心悅目的多變色形，
是呈現自然風格的項鍊。

136～139 這些項鍊主體均為銀製品。
140～143 和銀製串珠搭配的項鍊組。
144、145 這兩款項鍊呈現有編織的圖樣。
146～148 這兩款項鍊是決定主要的色
系，再隨意穿入各種不同顏色的串珠。

146

147

148

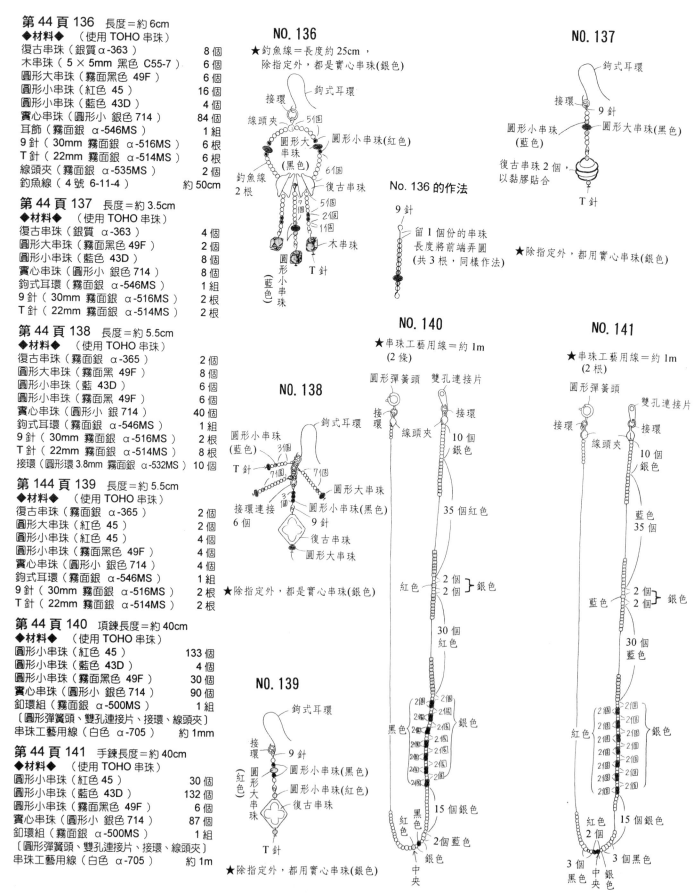

第44頁 136　長度＝約6cm
◆材料◆　（使用 TOHO 串珠）
復古串珠（銀質 α-363）　　　　　　　8 個
木串珠（5×5mm 黑色 C55-7）　　　6 個
圓形大串珠（霧面黑色 49F）　　　　6 個
圓形小串珠（紅色 45）　　　　　　　16 個
圓形小串珠（藍色 43D）　　　　　　4 個
實心串珠（圓形小 銀色 714）　　　84 個
耳飾（霧面銀 α-546MS）　　　　　　1 組
9 針（30mm 霧面銀 α-516MS）　　　6 根
T 針（22mm 霧面銀 α-514MS）　　　6 根
線頭夾（霧面銀 α-535MS）　　　　　2 個
釣魚線（4 號 6-11-4）　　　　　　約 50cm

第44頁 137　長度＝約3.5cm
◆材料◆　（使用 TOHO 串珠）
復古串珠（銀質 α-363）　　　　　　　4 個
圓形大串珠（霧面黑色 49F）　　　　2 個
圓形小串珠（藍色 43D）　　　　　　8 個
實心串珠（圓形小 銀色 714）　　　8 個
鉤式耳環（霧面銀 α-546MS）　　　　1 組
9 針（30mm 霧面銀 α-516MS）　　　2 根
T 針（22mm 霧面銀 α-514MS）　　　2 根

第44頁 138　長度＝約5.5cm
◆材料◆　（使用 TOHO 串珠）
復古串珠（霧面銀 α-365）　　　　　2 個
圓形大串珠（霧面黑 49F）　　　　　8 個
圓形小串珠（藍 43D）　　　　　　　6 個
圓形小串珠（霧面黑 49F）　　　　　6 個
實心串珠（圓形小 銀 714）　　　　40 個
鉤式耳環（霧面銀 α-546MS）　　　　1 組
9 針（30mm 霧面銀 α-516MS）　　　2 根
T 針（22mm 霧面銀 α-514MS）　　　8 根
接環（圓形環 3.8mm 霧面銀 α-532MS）　10 個

第144頁 139　長度＝約5.5cm
◆材料◆　（使用 TOHO 串珠）
復古串珠（霧面銀 α-365）　　　　　2 個
圓形大串珠（紅色 45）　　　　　　　2 個
圓形小串珠（紅色 45）　　　　　　　4 個
圓形小串珠（霧面黑色 49F）　　　　4 個
實心串珠（圓形小 銀色 714）　　　4 個
鉤式耳環（霧面銀 α-546MS）　　　　1 組
9 針（30mm 霧面銀 α-516MS）　　　2 根
T 針（22mm 霧面銀 α-514MS）　　　2 根

第44頁 140　項鍊長度＝約40cm
◆材料◆　（使用 TOHO 串珠）
圓形小串珠（紅色 45）　　　　　　133 個
圓形小串珠（藍色 43D）　　　　　　4 個
圓形小串珠（霧面黑色 49F）　　　　30 個
實心串珠（圓形小 銀色 714）　　　90 個
釦環組（霧面銀 α-500MS）　　　　　1 組
〔圓形彈簧頭、雙孔連接片、接環、線頭夾〕
串珠工藝用線（白色 α-705）　　約 1mm

第44頁 141　手鍊長度＝約40cm
◆材料◆　（使用 TOHO 串珠）
圓形小串珠（紅色 45）　　　　　　　30 個
圓形小串珠（藍色 43D）　　　　　　132 個
圓形小串珠（霧面黑色 49F）　　　　6 個
實心串珠（圓形小 銀色 714）　　　87 個
釦環組（霧面銀 α-500MS）　　　　　1 組
〔圓形彈簧頭、雙孔連接片、接環、線頭夾〕
串珠工藝用線（白色 α-705）　　　約 1m

NO. 136
★釣魚線＝長度約 25cm，
　除指定外，都是實心串珠(銀色)
鉤式耳環
接環
線頭夾　5個
圓形大串珠(紅色)
圓形大串珠（黑色）
釣魚線 2根
6個
復古串珠
5個
7個
2個
1個
木串珠
T針
圓形小串珠（藍色）

No. 136 的作法
9 針
9 針
留 1 個份的串珠
長度將前端弄圓
（共 3 根，同樣作法）

NO. 137
鉤式耳環
接環
9 針
圓形小串珠（藍色）
圓形大串珠(黑色)
復古串珠 2個，
以黏膠貼合
T 針
★除指定外，都用實心串珠(銀色)

NO. 138
鉤式耳環
圓形小串珠（藍色）
3個
T 針
7個
7個
圓形大串珠
接環連接
6 個
圓形小串珠（黑色）
3
9 針
復古串珠
圓形大串珠
★除指定外，都是實心串珠(銀色)

NO. 139
鉤式耳環
接環
9 針
圓形大串珠
圓形小串珠（黑色）
圓形小串珠（紅色）
復古串珠
（紅色）
T 針
★除指定外，都用實心串珠(銀色)

NO. 140
★串珠工藝用線＝約 1m
（2 條）
圓形彈簧頭　雙孔連接片
接環
線頭夾
接環
10 個銀色
35 個紅色
紅色
2個 2個 銀色
30 個紅色
黑色
2個 2個
2個 2個
2個 2個
2個 2個
2個 2個
2個 2個
2個 2個
銀色
15 個銀色
紅色
黑色
2個藍色
銀色
中央

NO. 141
★串珠工藝用線＝約 1m
（2 根）
圓形彈簧頭　雙孔連接片
接環
線頭夾
接環
10 個銀色
藍色 35 個
2個 2個 銀色
藍色
30 個藍色
2個 2個
2個 2個
2個 2個
2個 2個
2個 2個
2個 2個
2個 2個
2個 2個
銀色
紅色
15 個銀色
3 個黑色
3 個黑色
銀色
中央

第 45 頁 144　長度＝約 77cm
◆材料◆　（使用 TOHO 串珠）
圓形大串珠（褐色 46 ）　　　　　100 個
圓形小串珠（素色 51 ）　　　　　612 個
圓形小串珠（水藍色 43 ）　　　　462 個
釣魚線（ 3 號 6-11-3 ）　　　　　約 60cm
串珠手藝用線（#50 白色 6-12-3 ）　約 7m

第 45 頁 145　長度＝約 78cm
◆材料◆　（使用 TOHO 串珠）
圓形小串珠（黑色 49 ）　　　　　902 個
圓形小串珠（紅色 45A ）　　　　　85 個
圓形小串珠（鍍銀 21 ）　　　　　120 個
T 針（ 22mm 燻黑 α-514I ）　　　4 根
T 針（ 45mm 燻黑 α-515I ）　　　4 根
接環（圓形環 5mm 燻黑 α-533I ）　2 個
線頭夾（燻黑 α-535I ）　　　　　2 個
串珠手藝用線（#50 白色 6-12-3 ）　約 7m

第 45 頁 146　項鍊長度＝約 1m25cm
◆材料◆　（使用 TOHO 串珠）
圓形大串珠（霧面黑色 49F ）　　　1 盒
圓形大串珠（黃綠色 44 ）　　　約 31 個
圓形大串珠（粉紅色 54 ）　　　約 27 個
圓形大串珠（黃色 42 ）　　　　約 22 個
圓形大串珠（素色 51 ）　　　　約 21 個
圓形大串珠（藍色 48L ）　　　約 14 個
特大串珠（ 4mm 紅色 45F ）　　約 13 個
線條串珠（ 4mm 藍色 L4-5 ）　　約 14 個
木串珠（ 3mm 原木色 R3-6 ）　　約 23 個
木串珠（ 5mm 淺灰黃色 R5-1 ）　約 13 個
釦環組（霧面金 α-500MG ）　　　1 組
〔圓形彈簧頭、雙孔連接片、接環、線頭夾〕
釣魚線（ 2 號 6-11-1 ）　　　　約 1m50cm
◆各種串珠適當混合後，再穿入釣魚線中。

第 45 頁 147　項鍊長度＝約 1m25cm
◆材料◆　（使用 TOHO 串珠）
圓形大串珠（紅色 45 ）　　　　　1 盒
圓形大串珠（褐色 46 ）　　　　約 51 個
圓形大串珠（粉紅色 54 ）　　　約 39 個
圓形大串珠（灰色 53 ）　　　　約 48 個
特大串珠（ 4mm 紅色 45F ）　　約 39 個
線條串珠（ 4mm 紅色 L4-3 ）　　約 14 個
木串珠（ 3mm 淺灰黃色 R3-1 ）　約 43 個
木串珠（ 5mm 茶褐色 R5-2 ）　　約 23 個
釦環組（ α-5001 ）　　　　　　　1 組
〔圓形彈簧頭、雙孔連接片、接環、線頭夾〕
釣魚線（ 2 號 6-11-1 ）　　　　約 1m50cm
◆各種串珠適當混合後，再穿入釣魚線中。

第 45 頁 148　項鍊長度＝約 1m25cm
◆材料◆　（使用 TOHO 串珠）
圓形大混合串珠
　（黃色 水藍色 純素色 BM208 ）　1 盒
圓形大混合串珠
　（黃色 僅黃綠色 BM211 ）1 盒
圓形大串珠（黃色 42 ）　　　　　1 盒
圓形大串珠（藍色 48 ）　　　　　1 盒
特大串珠（ 4mm 黃色 42F ）　　約 27 個
特大串珠（ 4mm 水色 143F ）　　約 19 個
線條串珠（ 4mm 橘色 L4-1 ）　　約 20 個
釦環組（霧面金 α-500MG ）　　　1 組
〔圓形彈簧頭、雙孔連接片、接環、線頭夾〕
釣魚線（ 2 號 6-11-1 ）　　　　約 1m50cm
◆各種串珠適當混合後，再穿入吊魚線中。

NO. 144

★串珠手藝用線＝
約 7m 共 2 條

2 條

74
75
76

塗上黏膠。
打 2 次結，再
穿過串珠球後

（圓形大串珠 12 個）
串珠球

No. 144 串珠的連接法

（素色）
（水藍色）

2

圓形大串珠（褐色）
串珠

圓形小串珠　開始製作

3
2
1

穿過串珠
球後開始

串珠球
（圓形大串珠、12 個）

NO. 146 ～ 148

圓形彈簧頭　雙孔連接片
接環　　　　　　接環
線頭夾

★釣魚線＝長約 150cm

圖樣 C
4 小段 5 小段 4 小段
中央
13 小段　14 小段
圖樣 B
NO. 145
圖樣 B
10 小段
4 小段
圖樣 A
36 小段
圖樣 A
10 小段
8 小段
圖樣 A
10 小段
8 小段
12 小段
（黑色）
線頭夾
接環
（黑色）10 個
10 個（黑色）
T 針（22mm）
T 針(45mm)
（22mm）T 針
（黑色）15 個

★
全長＝ 201 小段＋ 2 個
串珠手藝用線＝約 7m
(2 條)

No. 145 的作法
♥串珠的串連法

10 小段
圖樣 A
銀色
紅色
黑色
8 小段

5
4
3
2
串成 1 小段

10 小段
圖樣 B
黑色

4 小段
黑色
5 小段
紅色
→中央
銀色
4 小段
圖樣 C

10 小段
黑色
銀色
4 小段

在串珠上另外添加羽毛、木頭等素材
自然風格飾品

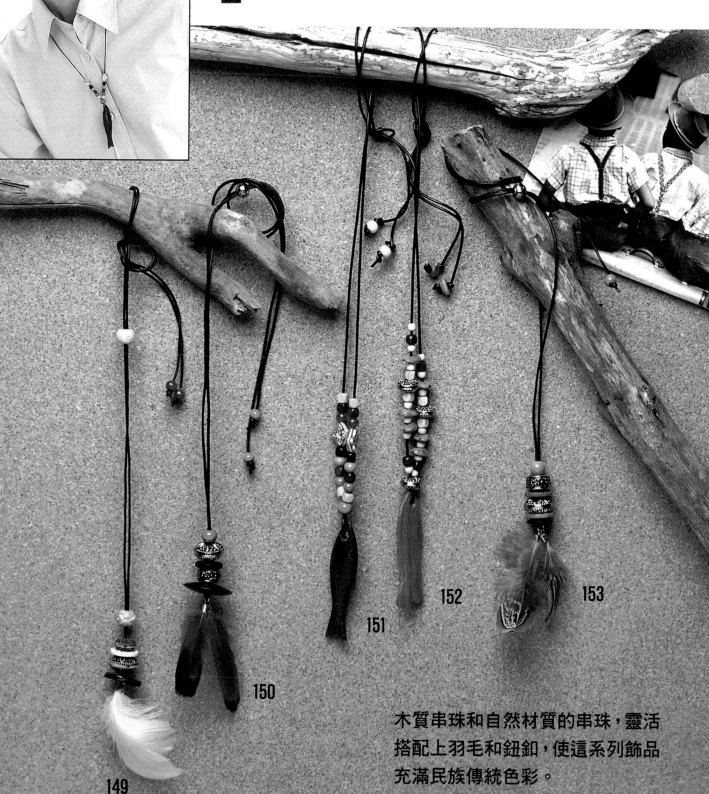

149
150
151
152
153

木質串珠和自然材質的串珠，靈活
搭配上羽毛和鈕釦，使這系列飾品
充滿民族傳統色彩。

149、150　這兩款項鍊是在皮繩上，穿入串
珠、鈕釦和羽毛等素材。

151、152　自然質樸的串珠，加上木製的魚形
飾，使這兩款項鍊俏皮可愛。

153　這款項鍊運用各種素材做為串珠。

154　這款耳環是藍色串珠和羽毛的組合。

155、156　這是以小圓圈為造型的耳環設計。

157、158　這兩款耳環略帶東方傳統色彩。

159　這是和157成套的手環。

155

154

156

157

158

159

第 48 頁 149　項鍊長度＝約 90cm
◆材料◆　（使用 TOHO 串珠）
雕花串珠（10mm α-406 ）　　　　　　2 個
復古串珠（象牙色 FB-7 ）　　　　　　1 個
復古串珠（象牙色 FB-3 ）　　　　　　1 個
新木質混合串珠
　　（ 6mm 玫瑰色 α-112 ）　　　　　2 個
彩色皮繩（圓形 1mm 銀色 α-754 ）　約 1m
皮革用繩頭夾
　　（圓形 2mm 用 銀色 9-90S ）　　2 個
接環（圓形環 3.8mm 銀色 9-6-4S ）　1 個
雉雞羽毛　　　　　　　　　　　　　2 片
鈕釦（ 1.2 ～ 1.5cm 左右 ）　　　　　2 個

第 48 頁 150　項鍊長度＝約 90cm
◆材料◆　（使用 TOHO 串珠）
新木質混合串珠（8mm 綠色 α-113 ）　1 個
新木質混合串珠（6mm 綠色 α-112 ）　2 個
雕花串珠（銀色燻黑 FB-2 ）　　　　　1 個
雕花串珠（銀色燻黑 FB-32 ）　　　　1 個
雕花串珠（銀色燻黑 FB-26 ）　　　　1 個
彩色皮繩（圓形 1mm 黑色 α-754 ）　約 1m
皮革用繩頭夾
　　（圓形 2mm 用銀色 9-90S ）　　 2 個
接環（圓形環 3.8mm 銀色 9-6-4S ）　1 個
紅色羽毛　　　　　　　　　　　　　2 片
鈕釦（ 1.5 ～ 1.8cm 左右 ）　　　　 各 1 個

第 149 頁 154　長度＝約 8cm
◆材料◆　（使用 TOHO 串珠）
壓克力串珠（ 8mm 藍色 J-504 ）　　 2 個
鉤式耳環（銀色燻黑 9-12-23 ）　　　1 組
皮革用繩頭夾
　　（圓形 2mm 用 銀色 9-90S ）　　2 個
9 針（ 30mm 銀色 9-8-1S ）　　　　 2 根
鳥羽毛　　　　　　　　　　　　　　2 片

第 49 頁 155　長度＝約 6cm、寬 3cm
◆材料◆　（使用 TOHO 串珠）
雕花串珠（銀色燻黑 FB-26 ）　　　　2 個
壓克力串珠（藍色 α-233 ）　　　　　8 個
木串珠（ 5×5mm 褐色 C-55-2 ）　　 4 個
木串珠（ 5×5mm 淺灰黃色 C55-1 ）　8 個
木串珠（ 3mm 褐色 R3-2 ）　　　　 2 個
木串珠（ 3mm 淺灰黃色 R3-1 ）　　 22 個
鉤式耳環（銀色燻黑 9-12-23S ）　　 1 組
線頭夾（銀色 9-4-1S ）　　　　　　2 個
釣魚線（ 3 號 6-11-13 ）　　　　　約 80cm

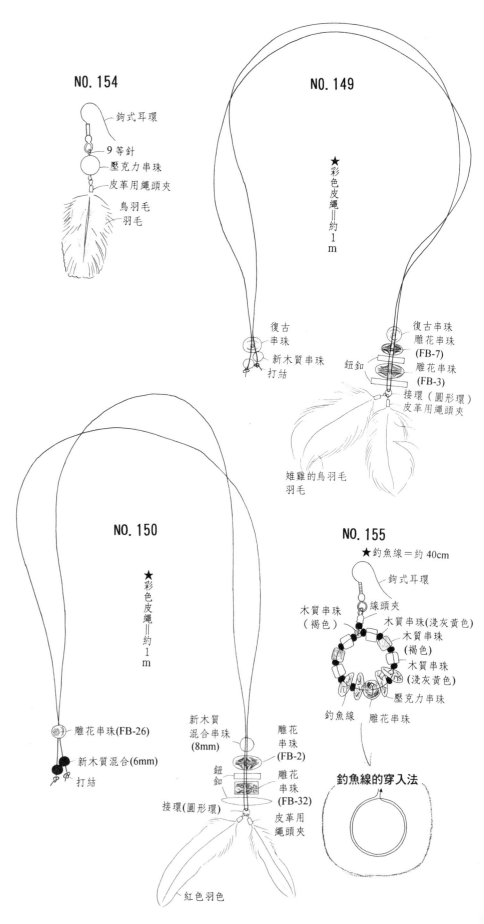

NO. 154
鉤式耳環
9 等針
壓克力串珠
皮革用繩頭夾
鳥羽毛
羽毛

NO. 149
★彩色皮繩＝約 1m
復古串珠
新木質串珠
打結
復古串珠
雕花串珠（FB-7）
雕花串珠（FB-3）
鈕釦
接環（圓形環）
皮革用繩頭夾
雉雞的鳥羽毛
羽毛

NO. 150
★彩色皮繩＝約 1m
雕花串珠(FB-26)
新木質混合(6mm)
打結
新木質混合串珠(8mm)
鈕釦
接環(圓形環)
雕花串珠(FB-2)
雕花串珠(FB-32)
皮革用繩頭夾
紅色羽色

NO. 155
★釣魚線＝約 40cm
鉤式耳環
線頭夾
木質串珠（褐色）
木質串珠(淺灰黃色)
木質串珠（褐色）
木質串珠（淺灰黃色）
壓克力串珠
釣魚線
雕花串珠
釣魚線的穿入法

第 48 頁 151　項鍊長度＝約 90cm
◆材料◆　（使用 TOHO 串珠）
新木質混合串珠（8mm 綠色 α-113 ）　1 個
新木質混合串珠（6mm 4 色 α-112 ）　8 個
復古串珠（銀色燻黑 α-365 ）　2 個
墜飾部分（魚形 木製 α-402 ）　1 個
木製混合串珠
　（ 5 × 5mm 3 色 α-106 ）　10 個
彩色皮繩（圓形 1m 黑色 α-754 ）　約 1m

第 48 頁 152　手鍊長度＝約 90cm
◆材料◆　（使用 TOHO 串珠）
雕花串珠（銀色燻黑 FB-6 ）　3 個
壓克力串珠（變化紋飾藍 α-223 ）　8 個
木質串珠（ 5 × 5mm 褐色 C55-2 ）　4 個
木串珠（5 × 5mm 淺灰黃色 C55-1 ）　4 個
木串珠（ 5mm 白木色 R5-6 ）　14 個
墜飾部分（魚 木製 α-401 ）　1 個
彩色皮繩（圓形 1mm 黑色 α-754 ）　約 1m

第 49 頁 156　長度 6cm、寬 3cm
◆材料◆　（使用 TOHO 串珠）
雕花串珠（ 10mm α-407 ）　2 個
木串珠（ 4 × 8mm 褐色 FS-8-2 ）　4 個
木串珠（ 4 × 8mm 淺灰黃色 FS8-1 ）　12 個
木串珠（ 5mm 淺灰黃色 R5-1 ）　16 個
木串珠（ 3mm 淺灰黃色 R3-1 ）　4 個
圓形小串珠（紅色 45 ）　12 個
鉤式耳環（金色 9-12-23G ）　1 組
線頭夾（霧面金 α-535MG ）　2 個
釣魚線（ 3 號 6-11-3 ）　約 80cm

第 49 頁 159　手鍊長度＝約 21cm
◆材料◆　（使用 TOHO 串珠）
雕花串珠（ 10mm α-406 ）　1 個
木串珠（4 × 8mm 淺灰黃色 FS81 ）　2 個
木串珠（ 4 × 8mm 褐色 FS8-2 ）　2 個
木串珠　混合
　（ 4mm 淺灰黃色 R4-M ）　5 個
　（ 4mm 褐色 R4-M ）　1 個
　（ 4mm 黃色 R4-M ）　2 個
木串珠（ 3mm 褐色 R3-M ）　5 個
　（ 3mm 淺灰黃色 R3-M ）　5 個
　（ 3mm 黃色 R3-M ）　2 個
　（ 3mm 紅色 R3-M ）　2 個
實心串珠（圓形小 綠色 706 ）　257 個
釦環（燻黑銀色 α-503GF ）　1 組
〔扣式項鍊頭、線頭夾〕
釣魚線（ 2 號 6-11-1 ）　約 1m

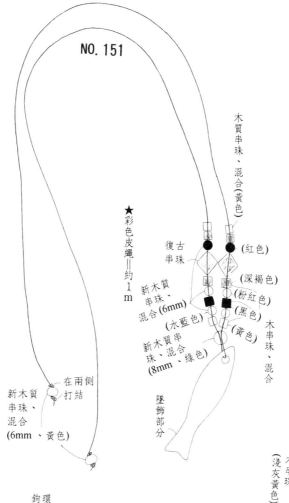

NO. 151

★彩色皮繩＝約 1m

木質串珠、混合(黃色)

復古串珠

（紅色）
（深褐色）
（粉紅色）
（黑色）
（黃色）

新木質串珠、混合(6mm)

木串珠、混合

新木質串珠、混合(8mm、綠色)

墜飾部分

新木質串珠、混合(6mm、黃色)

在兩側打結

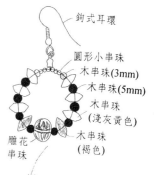

NO. 156

★釣魚線＝約 40cm

鉤式耳環

圓形小串珠
木串珠(3mm)
木串珠(5mm)
木串珠（淺灰黃色）
木串珠（褐色）
雕花串珠

釣魚線的穿入法

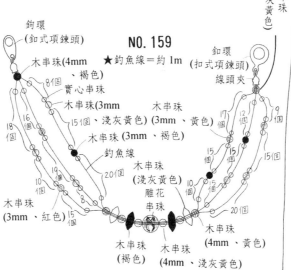

NO. 159

★釣魚線＝約 1m

鉤環（釦式項鍊頭）
木串珠(4mm、褐色)
8個
實心串珠
16個
18個
19個
10個
木串珠(3mm、紅色)
15個
木串珠(3mm、15個、淺灰黃色)
木串珠 (3mm、褐色)
釣魚線
20個
木串珠（淺灰黃色）
雕花串珠
木串珠（褐色）
木串珠(4mm、淺灰黃色)
木串珠(4mm、黃色)
木串珠(3mm、黃色)
釦環（扣式項鍊頭）
線頭夾
17個
12個
9個
15個
15個
15個
10個
20個

NO. 152

★彩色皮繩＝約 1m

木串珠（淺灰黃色）

木串珠（淺灰黃色）
壓克力串珠
木串珠（褐色）
木串珠(5mm)
雕花串珠

在兩側打結

魚形墜飾

略帶成熟風韻的飾品
韻味十足的流行飾品

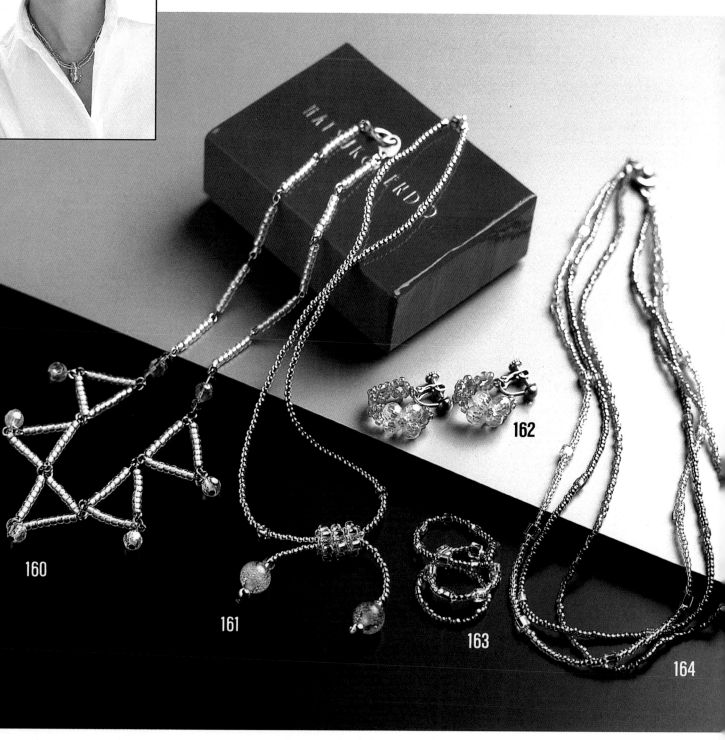

160

161

162

163

164

本單元介紹的飾品，是以銀色和金屬色串珠製作，給人
成熟性感的印象。一年四季都很適合配戴。

素色的飾品，可以隨意搭配任何顏色的服裝，本單元的飾品款式，展現華麗、高雅的不凡風格。

160 這款項鍊三角形的線條設計，時髦有個性。
161 這款項鍊前方有結飾的設計。
162 這款耳環的顏色是使用較亮麗的色彩。
163、164 如同第52頁模特兒示範的照片一般，這兩款飾品還能夠組合配戴。
165 這款是以紋飾珍珠做成的項鍊。
166 這是一款設計簡單的Y型項鍊。
167 這款項鍊是鍊形的設計。
168 這是以切割串珠製成的圓形耳環。
169 簡單、方便配戴的耳環款式。

編　號	項　目	作　法
160	項　鍊	第 54 頁
161	項　鍊	第 78 頁
162	耳　環	第 54 頁
163	戒　指	第 54 頁
164	項　鍊	第 54 頁
165	項　鍊	第 55 頁
166	項　鍊	第 55 頁
167	短項鍊	第 80 頁
168	耳　環	第 55 頁
169	耳　環	第 55 頁

165
168
166
167
169

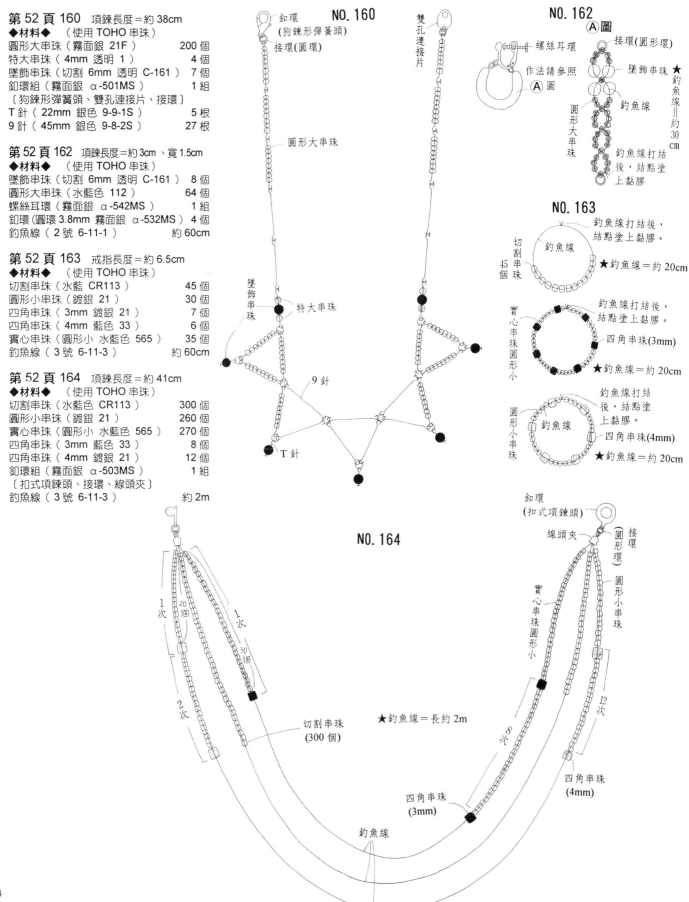

第 52 頁 160　項鍊長度＝約38cm
◆材料◆　（使用 TOHO 串珠）
圓形大串珠（霧面銀 21F）　　　　　200 個
特大串珠（4mm 透明 1）　　　　　 4 個
墜飾串珠（切割 6mm 透明 C-161）　 7 個
釦環組（霧面銀 α-501MS）　　　　 1 組
〔狗鍊形彈簧頭、雙孔連接片、接環〕
T 針（22mm 銀色 9-9-1S）　　　　 5 根
9 針（45mm 銀色 9-8-2S）　　　　27 根

第 52 頁 162　項鍊長度＝約3cm、寬1.5cm
◆材料◆　（使用 TOHO 串珠）
墜飾串珠（切割 6mm 透明 C-161）　 8 個
圓形大串珠（水藍色 112）　　　　　64 個
螺絲耳環（霧面銀 α-542MS）　　　 1 組
釦環（圓環 3.8mm 霧面銀 α-532MS）4 個
釣魚線（2 號 6-11-1）　　　　　　約60cm

第 52 頁 163　戒指長度＝約6.5cm
◆材料◆　（使用 TOHO 串珠）
切割串珠（水藍 CR113）　　　　　 45 個
圓形小串珠（鍍銀 21）　　　　　　30 個
四角串珠（3mm 鍍銀 21）　　　　 7 個
四角串珠（4mm 藍色 33）　　　　 6 個
實心串珠（圓形小 水藍色 565）　　35 個
釣魚線（3 號 6-11-3）　　　　　　約60cm

第 52 頁 164　項鍊長度＝約41cm
◆材料◆　（使用 TOHO 串珠）
切割串珠（水藍色 CR113）　　　　300 個
圓形小串珠（鍍銀 21）　　　　　 260 個
實心串珠（圓形小 水藍色 565）　 270 個
四角串珠（3mm 藍色 33）　　　　 8 個
四角串珠（4mm 鍍銀 21）　　　　12 個
釦環組（霧面銀 α-503MS）　　　　 1 組
〔扣式項鍊頭、接環、線頭夾〕
釣魚線（3 號 6-11-3）　　　　　　約2m

NO. 160
釦環（狗鍊形彈簧頭）
接環(圓環)
雙孔連接片
圓形大串珠
墜飾串珠
特大串珠
9 針
T 針

NO. 162
Ⓐ圖
螺絲耳環
作法請參照 Ⓐ 圖
接環（圓形環）
墜飾串珠
釣魚線
圓形大串珠
釣魚線＝約30cm
釣魚線打結後，結點塗上黏膠

NO. 163
釣魚線打結後，結點塗上黏膠。
切割串珠 45 個
釣魚線
★釣魚線＝約20cm
釣魚線打結後，結點塗上黏膠。
實心串珠圓形小
四角串珠(3mm)
★釣魚線＝約20cm
釣魚線打結後，結點塗上黏膠。
圓形小串珠
釣魚線
四角串珠(4mm)
★釣魚線＝約20cm

NO. 164
釦環（扣式項鍊頭）
線頭夾
接環（圓形環）
實心串珠圓形小
圓形小串珠
1 次　20 個　30 個　1 次
2 次
切割串珠（300 個）
★釣魚線＝長約2m
釣魚線
四角串珠(3mm)
四角串珠(4mm)
8 次
12 次

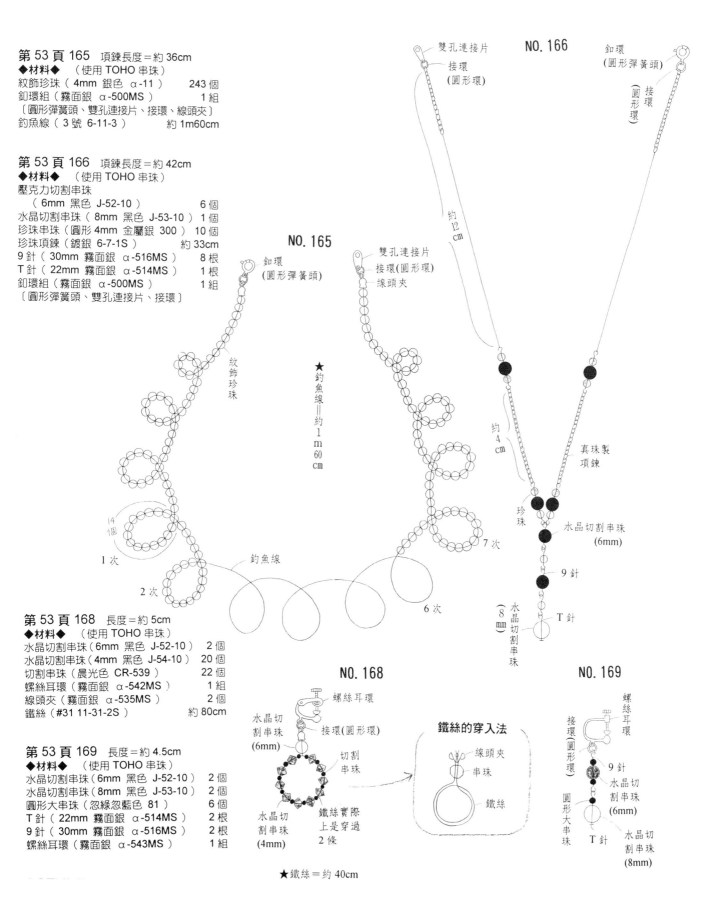

第53頁 165　項鍊長度＝約36cm
◆材料◆　（使用 TOHO 串珠）
紋飾珍珠（ 4mm　銀色　α-11 ）　243 個
釦環組（霧面銀　α-500MS ）　1 組
〔圓形彈簧頭、雙孔連接片、接環、線頭夾〕
釣魚線（ 3 號 6-11-3 ）　約 1m60cm

第53頁 166　項鍊長度＝約42cm
◆材料◆　（使用 TOHO 串珠）
壓克力切割串珠
　（ 6mm　黑色　J-52-10 ）　6 個
水晶切割串珠（ 8mm　黑色 J-53-10 ）　1 個
珍珠串珠（圓形 4mm　金屬銀　300 ）　10 個
珍珠項鍊（ 鍍銀 6-7-1S ）　約 33cm
9 針（ 30mm　霧面銀　α-516MS ）　8 根
T 針（ 22mm　霧面銀　α-514MS ）　1 根
釦環組（霧面銀　α-500MS ）　1 組
〔圓形彈簧頭、雙孔連接片、接環〕

NO. 166

雙孔連接片
接環
（圓形環）

釦環
（圓形彈簧頭）

接環
（圓形環）

約 12 cm

約 4 cm

真珠製項鍊

珍珠

水晶切割串珠
（6mm）

9 針

T 針

水晶切割串珠
（8mm）

NO. 165

釦環
（圓形彈簧頭）

雙孔連接片
接環（圓形環）
線頭夾

紋飾珍珠

★釣魚線＝約 1m 60 cm

14 個

1 次

2 次

釣魚線

7 次

6 次

第53頁 168　長度＝約5cm
◆材料◆　（使用 TOHO 串珠）
水晶切割串珠（ 6mm　黑色　J-52-10 ）　2 個
水晶切割串珠（ 4mm　黑色　J-54-10 ）　20 個
切割串珠（ 晨光色　CR-539 ）　22 個
螺絲耳環（霧面銀　α-542MS ）　1 組
線頭夾（霧面銀　α-535MS ）　2 個
鐵絲（ #31 11-31-2S ）　約 80cm

第53頁 169　長度＝約4.5cm
◆材料◆　（使用 TOHO 串珠）
水晶切割串珠（ 6mm　黑色　J-52-10 ）　2 個
水晶切割串珠（ 8mm　黑色　J-53-10 ）　2 個
圓形大串珠（ 忽綠忽藍色　81 ）　6 個
T 針（ 22mm　霧面銀　α-514MS ）　2 根
9 針（ 30mm　霧面銀　α-516MS ）　2 根
螺絲耳環（霧面銀　α-543MS ）　1 組

NO. 168

螺絲耳環
水晶切割串珠
（6mm）
接環（圓形環）
切割串珠
水晶切割串珠
（4mm）
鐵絲實際上是穿過 2 條

鐵絲的穿入法
線頭夾
串珠
鐵絲

★鐵絲＝約 40cm

NO. 169

螺絲耳環
接環（圓形環）
9 針
水晶切割串珠
（6mm）
圓形大串珠
T 針
水晶切割串珠
（8mm）

55

170

171

172

173

174

風韻獨具
項鍊飾品

這幾款項鍊僅用幾種顏色的串珠製作,設計風格強烈,配戴者將呈現個人獨特質感和品味。

編　號	項　　目	作　　法
170	項　　鍊	第79頁
171	項　　鍊	第58頁
172	項　　鍊	第58頁
173	手　　鍊	第58頁
174	耳　　環	第58頁
175・176	長 項 鍊	第59頁
177	長 項 鍊	第59頁
178	長 項 鍊	第59頁

170　這款項鍊的黑色串珠是以T針固定。
171　具有七彩光芒的串珠和竹節般的扭紋串珠的組合,看起來優雅大方。
172～174　琥珀色串珠球和黃銅色串珠搭配,別緻典雅。
175、176　這條短項鍊運用銀色和金色的串珠搭組合,質感極佳。
177、178　在細的編織繩上加上串珠,就完成這兩款造型項鍊。

72
74

175

177

175

176

177

178

57

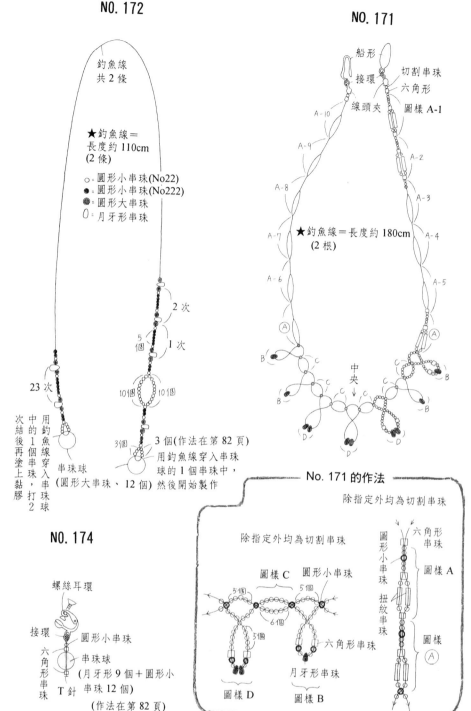

NO. 172

釣魚線
共2條

★釣魚線＝
長度約110cm
(2條)

○＝圓形小串珠(No22)
●＝圓形小串珠(No222)
◎＝圓形大串珠
○＝月牙形串珠

2次
5個　1次
10個　10個
23次
3個
3個(作法在第82頁)
用釣魚線穿入串珠球的1個串珠中，然後開始製作
用釣魚線穿入串珠球中的1個串珠，打2次結後再塗上黏膠
串珠球(圓形大串珠、12個)

NO. 171

船形
接環
切割串珠
六角形
線頭夾
圖樣 A-1
A-10
A-9
A-8
A-2
A-3
A-7
★釣魚線＝長度約180cm
(2根)
A-4
A-6
A-5
(A)　(A)
B　C　中央　C　B
B　D　D

No. 171 的作法

除指定外均為切割串珠

除指定外均為切割串珠

圖樣 C
圓形小串珠
5個　5個
6個
5個
六角形串珠
月牙形串珠
圖樣 D
圖樣 B

六角形串珠
圓形小串珠
圖樣 A
扭紋串珠
圖樣 (A)

NO. 174

螺絲耳環
接環
六角形串珠
圓形小串珠
串珠球
T針
(月牙形9個＋圓形小串珠12個)
(作法在第82頁)

NO. 173

接環
線頭夾
扣式項鍊頭
線頭夾　接環
★釣魚線＝長度約65cm
(2根)
串珠球
(月牙形9個＋圓形小串珠12個)
(作法在第82頁)

No. 173 串珠的串連法

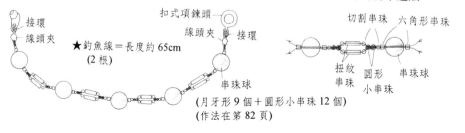

切割串珠　六角形串珠
扭紋串珠　圓形小串珠　串珠球

第 57 頁 175　項鍊長度＝約 58cm
◆材料◆　（使用 TOHO 串珠）
水晶切割串珠
　（ 6mm 亮面串珠　J-52-11 ）　　　3 個
水晶切割串珠
　（ 8mm 亮面串珠　J-53-11 ）　　　1 個
珍珠串珠
　（圓形 4mm 深色金屬色 203 ）　　7 個
切割串珠（忽綠忽藍色 CR81 ）　　236 個
附狗鍊形彈簧頭飾品用繩
　（霧面銀　α-510 ）　　　　　　約 45cm
9 針（ 30mm 霧面銀　α-516MS ）　2 根
T 針（ 22mm 霧面銀　α-514MS ）　1 根

第 57 頁 176　項鍊長度＝約 38cm
◆材料◆　（使用 TOHO 串珠）
水晶切割串珠（ 6mm 晨光色 J-52-2 ）　3 個
水晶切割串珠（ 8mm 晨光色 J-53-2 ）　1 個
珍珠（圓形 4mm 霧面金　α-47 ）　　7 個
實心串珠
　（圓形小　金色泛藍　綠色 513 ）　220 個
附狗鍊形彈簧頭飾品用繩
　（霧面金　α-509 ）　　　　　　約 45cm
9 針（ 30mm 霧面金　α-516MG ）　2 根
T 針（ 22mm 霧面金　α-514MG ）　1 根

第 57 頁 177　項鍊長度＝約 39cm
◆材料◆　（使用 TOHO 串珠）
水晶切割串珠（心形 亮面 J-59-11 ）　2 個
水晶切割串珠（ 6mm 亮面 J-52-11 ）　4 個
切割串珠（忽藍忽綠　CR-84 ）　　　9 個
釦環組（燻黑　α-500( )　　　　　　1 組
〔圓形彈簧頭、雙孔連接片〕
接環（圓形環　3.8mm 燻黑　α-532( )　6 個
接環（圓形環　5mm 燻黑　α-533( )　4 個
接環（橢圓形　燻黑　α-534( )　　　2 個
T 針（ 22mm 燻黑　α-514( )　　　　4 根
9 針（ 30mm 燻黑　α-516( )　　　　9 根
編織繩 0.4cm 寬　　　　　　　　　45cm

第 57 頁 178　項鍊長度＝約 39cm
◆材料◆　（使用 TOHO 串珠）
水晶切割串珠（ 8mm 褐色 J-53-10 ）　1 個
水晶切割串珠（ 6mm 褐色 J-52-10 ）　5 個
水晶切割串珠（ 4mm 褐色 J-54-10 ）　6 個
釦環組（燻黑　α-500( )　　　　　　1 組
〔圓形彈簧頭、雙孔連接片〕
接環（圓形環　3.8mm 燻黑　α-532( )　6 個
接環（圓形環　5mm 燻黑　α-533( )　4 個
T 針（ 22mm 燻黑　α-514( )　　　　6 根
9 針（ 30mm 燻黑　α-516( )　　　　7 根
編織繩寬 0.4cm　　　　　　　　　45cm
◆除了中央部分之外，其餘和 No177 是相同
的作法。

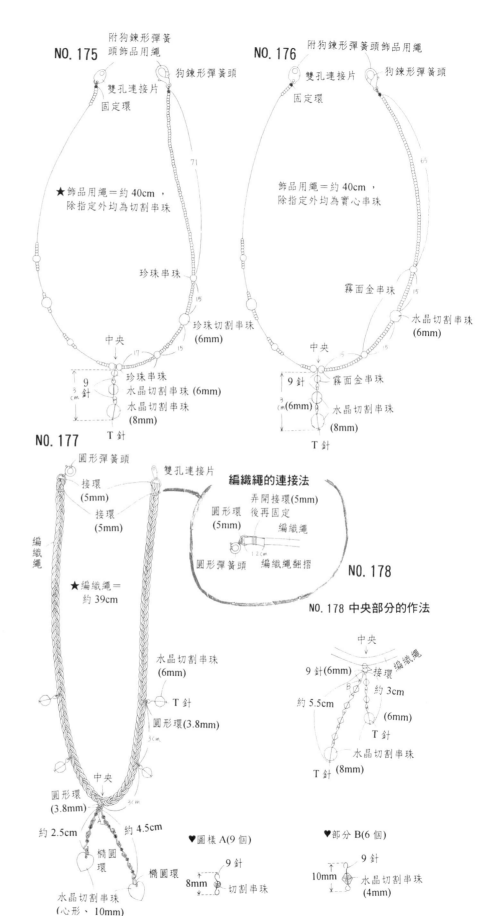

NO. 175
附狗鍊形彈簧頭飾品用繩
狗鍊形彈簧頭
雙孔連接片
固定環
★飾品用繩＝約 40cm，
　除指定外均為切割串珠
珍珠串珠
71
珍珠切割串珠
（6mm）
中央
珍珠串珠
水晶切割串珠（6mm）
水晶切割串珠（8mm）
9 針
3 cm
T 針

NO. 176
附狗鍊形彈簧頭飾品用繩
雙孔連接片
狗鍊形彈簧頭
固定環
飾品用繩＝約 40cm，
除指定外均為實心串珠
65
霧面金串珠
水晶切割串珠（6mm）
中央
霧面金串珠
水晶切割串珠（6mm）
9 針
3 cm
水晶切割串珠（8mm）
T 針

NO. 177
圓形彈簧頭
接環（5mm）
接環（5mm）
雙孔連接片
編織繩
★編織繩＝約 39cm
水晶切割串珠（6mm）
T 針
圓形環（3.8mm）
中央
圓形環（3.8mm）
約 2.5cm
約 4.5cm
橢圓環
橢圓環
水晶切割串珠（心形、10mm）

編織繩的連接法
弄開接環（5mm）
後再固定
圓形環（5mm）
編織繩
圓形彈簧頭
編織繩翻摺
1.2cm
NO. 178

NO. 178 中央部分的作法
中央
編織繩
9 針（6mm）
接環
約 5.5cm
約 3cm
（6mm）
T 針
水晶切割串珠（8mm）
T 針

♥圖樣 A(9 個)
9 針
8mm
切割串珠

♥部分 B(6 個)
9 針
10mm
水晶切割串珠（4mm）

編　號	項　　目	作　　法
179	項　　鍊	第 62 頁
180	耳　　環	第 62 頁
181	項　　鍊	第 62 頁
182	耳　　環	第 62 頁

手工製作的飾品十分精緻典雅，呈現令人懷念的復古風情。

細緻、華麗的飾品組

復 古 飾 品

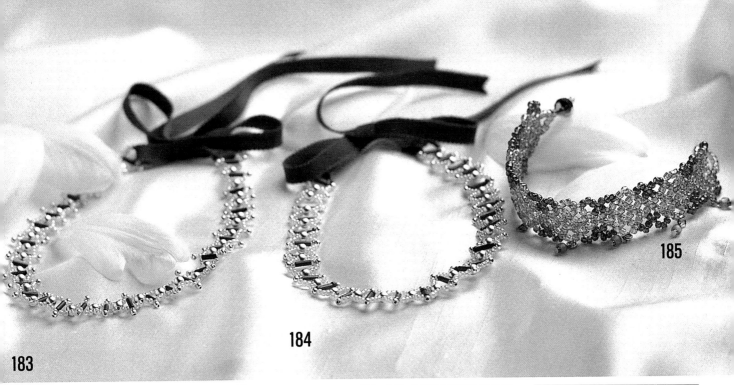

185

184

183

179 在 9 針上穿入串珠，彎成圓弧形後銜接起來，這是一款設計精美的手工項鍊。

180 這副耳環是用項鍊的一個小部分製作。

181 這款項鍊和 179 是相同的製作要領，先在 9 針上串入串珠後，再彎曲成優美的弧度。

182 這副耳環和 181 的項鍊是整組設計，線條優美深富吸引力。

183 、 184 這款短項鍊是用霧面串珠和竹串珠串連而成，如同緞帶般華美。

185 這是以串珠編織成的帶狀手鍊。

186 這款項鍊戴在鎖骨上方，細緻美麗。

187 這款戒指和短項鍊可成套搭配。

188 紫色系列的花飾項鍊、時髦美麗。

編　號	項　目	作　法
183・184	短 項 鍊	第 62 頁
185	手　鍊	第 79 頁
186	短 項 鍊	第 63 頁
187	戒　指	第 63 頁
188	短 項 鍊	第 63 頁

188

186 **187**

第60頁 179　項鍊長度＝約43cm
◆材料◆　（使用 TOHO 串珠）
水晶切割串珠（6mm 亮面 J-52-11）　3 個
圓形大串珠（晨光紫 245）　214 個
釦環組（霧面金 α-500MG）　1 組
（圓形彈簧頭、雙孔連接片、接環）
9 針（30mm 霧面金 α-516MG）　25 根
T 針（22mm 霧面金 α-514MG）　3 根
接環（圓形環 3.8mm
　　　霧面金 α-532MG）　9 個

第60頁 180　長度＝約3cm
◆材料◆　（使用 TOHO 串珠）
水晶切割串珠（8mm 亮面 J-53-11）　2 個
圓形大串珠（晨光紫 245）　16 個
螺絲耳環（霧面金 α-543MG）　1 組
9 針（30mm 霧面金 α-516MG）　2 根
T 針（22mm 霧面金 α-514MG）　2 根

第60頁 181　項鍊長度＝約43cm
◆材料◆　（使用 TOHO 串珠）
水晶切割串珠（8mm 亮面 J-53-11）　3 個
圓形大串珠（青銅紫 206）　214 個
釦環組（霧面銀 α-500MS）　1 組
〔圓形彈簧頭、雙孔連接片、接環〕
9 針（30mm 霧面銀 α-516MS）　25 根
T 針（22mm 霧面銀 α-514MS）　3 根
接環（圓形環 3.8mm
　　　霧面銀 α-532MS）　9 個

第60頁 182　長度＝約4.5cm
◆材料◆　（使用 TOHO 串珠）
水晶切割串珠（6mm 亮面 J-52-11）　2 個
圓形大串珠（青銅紫 206）　32 個
螺絲耳環（霧面銀 α-542MS）　1 組
9 針（30mm 霧面銀 α-516MS）　4 根
T 針（22mm 霧面銀 α-514MS）　2 根

第61頁 183　長度＝約31cm
◆材料◆　（使用 TOHO 串珠）
實心串珠（竹 6mm 褐色 703）　33 根
圓形小串珠（淺灰黃色 148）　196 個
圓形小串珠（藍色 146）　156 個
珍珠（圓形 2mm 霧面金 α-44）　66 個
珍珠（圓形 4mm 霧面金 α-47）　33 個
羅緞緞帶 0.6cm 寬　60cm
釣魚線（2 號 6-11-1）　3m

第61頁 184、長度＝約31cm
◆材料◆　（使用 TOHO 串珠）
實心串珠（圓形小 深綠色 706）　54 個
實心串珠（竹製 6mm 深綠色 706）　29 根
圓形小串珠（綠色 108）　28 個
圓形小串珠（水藍色 143）　336 個
珍珠（圓形 2mm 霧面金 α-44）　58 個
珍珠（圓形 4mm 霧面金 α-47）　28 個
羅緞緞帶 0.6cm 寬　60cm
釣魚線（2 號 6-11-1）　3m

NO.179・181

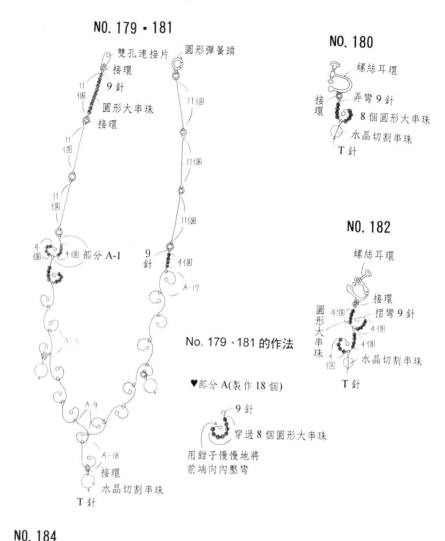

雙孔連接片
圓形彈簧頭
接環
11個　9 針
圓形大串珠
接環
11個
11個
11個
11個
4個　4個部分 A-1
9針　4個
A-17
A-5
A-9
A-18
接環
水晶切割串珠
T 針

NO.180

螺絲耳環
接環
弄彎9針
8 個圓形大串珠
水晶切割串珠
T 針

NO.182

螺絲耳環
接環
摺彎9針
圓形大串珠
4個　4個　4個
水晶切割串珠
T 針

No. 179、181 的作法

♥部分 A(製作 18 個)
9 針
穿過 8 個圓形大串珠
用鉗子慢慢地將
前端向內壓彎

NO.184

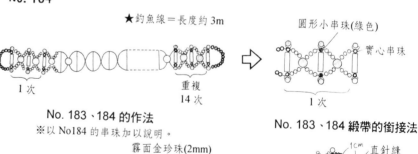

★釣魚線＝長度約 3m
圓形小串珠(綠色)
實心串珠
1 次
重複 14 次
1 次

No. 183、184 的作法
※以 No184 的串珠加以說明。

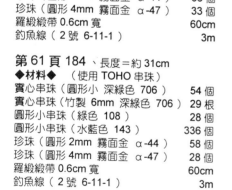

12個
竹串珠
實心串珠
霧面金珍珠(2mm)
3個
霧面金珍珠
(4mm)

No. 183、184 緞帶的銜接法

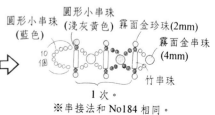

1cm　直針縫
30cm 的緞帶

NO.183

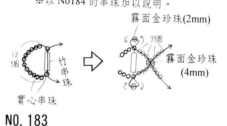

★釣魚線＝長度約 3m
1 次
重複 16 次

圓形小串珠
(藍色)
圓形小串珠
(淺灰黃色)　霧面金珍珠(2mm)
霧面金串珠
(4mm)
10個
竹串珠
1 次。
※串接法和 No184 相同。

第61頁 188　項鍊長度＝約43cm
◆材料◆　（使用 TOHO 串珠）
圓形小串珠（紫色 110 ）　　　約 1301 個
圓形小串珠（紅紫色 115 ）　　200 個
釦環組（霧面銀 α-501MS ）　　1 組
〔狗鍊形彈簧頭、雙孔連接片、接環、
　線頭夾〕
鐵絲（#28 銀色 11-28-2 ）　約 2m50cm
鐵絲（#31 銀色 11-31-2 ）　約 1m50cm

NO. 188

狗鍊形彈簧頭
接環
線頭夾
雙孔連接片
接環
線頭夾

花朵小
大花朵
在主體上將花朵
的鐵絲纏繞上去

No. 188 的作法

貼上透明膠帶，讓串珠不會掉出。

圓形小串珠（淺紫色）
★#31 鐵絲 50cm 穿入約 300 個圓形小串珠

3 條鐵絲扭緊，用鐵絲貼在桌上等處

除去多餘串珠後，扭緊鐵絲加以固定。

編麻花編
約 35cm

大花朵(5 個)
穿入 20 個
圓形小串珠（淡紫色）
★#28 鐵絲約 30cm
扭轉
穿入 20 個

♥小花朵(4 個)　※和大花朵同樣作法
★#28 鐵絲約 25cm
圓形小串珠（紫色）
10個

鐵絲一面在中央扭緊，一面調整花瓣形狀。

第61頁 186　項鍊長度＝約43cm
◆材料◆　（使用 TOHO 串珠）
復古串珠　圓形小（金褐色 A-221 ）　213 個
珍珠（圓形 4mm 亮金色 304 ）　2 個
圓形小串珠（紫紅色 115 ）　約 1135 個
釦環組（霧面金 α-501MG ）　1 組
〔狗鍊形彈簧頭、雙孔連接片、接環、
　線頭夾〕
鐵絲〔#28 銀色 11-28-2 〕　約 2m15cm
鐵絲（#31 銀色 11-31-2 ）　約 1m50cm

NO. 186

接環
狗鍊形彈簧頭
線頭夾
雙孔連接片
接環
線頭夾

莖部均衡地摺彎
珍珠串珠
花朵 A
花朵 A
花朵 B
在主體上纏繞上花朵鐵絲

No. 186 的作法

※麻花編的部分和 No188 是相同作法。

♥花朵 A （2 個）
・花瓣
圓形小串珠
★#28 鐵絲約 30cm
插入花朵中心後扭緊鐵絲
★#28 鐵絲約 5cm
・莖(2 個)
扭緊
復古串珠
★#28 鐵絲約 30cm
穿入 1 個串珠

♥花朵 B
・花瓣
圓形小串珠
★#28 鐵絲約 25cm
珍珠串珠從四周彎成花瓣後，反面的鐵絲緊緊地扭纏在一起
扭緊圍成圓形
・莖部
復古串珠
★#28 鐵絲約 10cm
在花朵反面扭緊
扭緊
復古串珠
★#28 鐵絲約 40cm
穿入 1 個

第61頁 187　戒指長度＝約7cm
◆材料◆　（使用 TOHO 串珠）
復古串珠（圓形小　金褐色 A-221 ）　52 個
圓形小串珠（紫色 110 ）　40 個
圓形小串珠（紫紅色 115 ）　約 210 個
固定環（銀色 α-704S ）　1 個
鐵絲（#28 銀色 11-28-2 ）　約 55cm
鐵線（#31 銀色 11-31-2 ）　約 45cm

NO. 187

作法

固定環
編麻花編
約 7cm

去掉多餘的串珠後再扭緊鐵絲加以固定。

★1 根 15cm 長約 #31 鐵絲，穿入約 70 個圓形小串珠(紫紅色)

上固定環
鐵絲前端重疊後，套上固定環加以固定。

安上花朵和莖
在固定環上扭緊鐵絲，做成圈環

・花瓣　♥花朵
圓形小串珠(紫)
★#28 鐵絲約 25cm
扭緊

・莖部
在花朵反面扭緊
★#28 鐵絲約 30cm
扭緊
復古串珠
穿入 1 個

墜飾項鍊 &
眼鏡項鍊

192

193
194

189

190

191

192

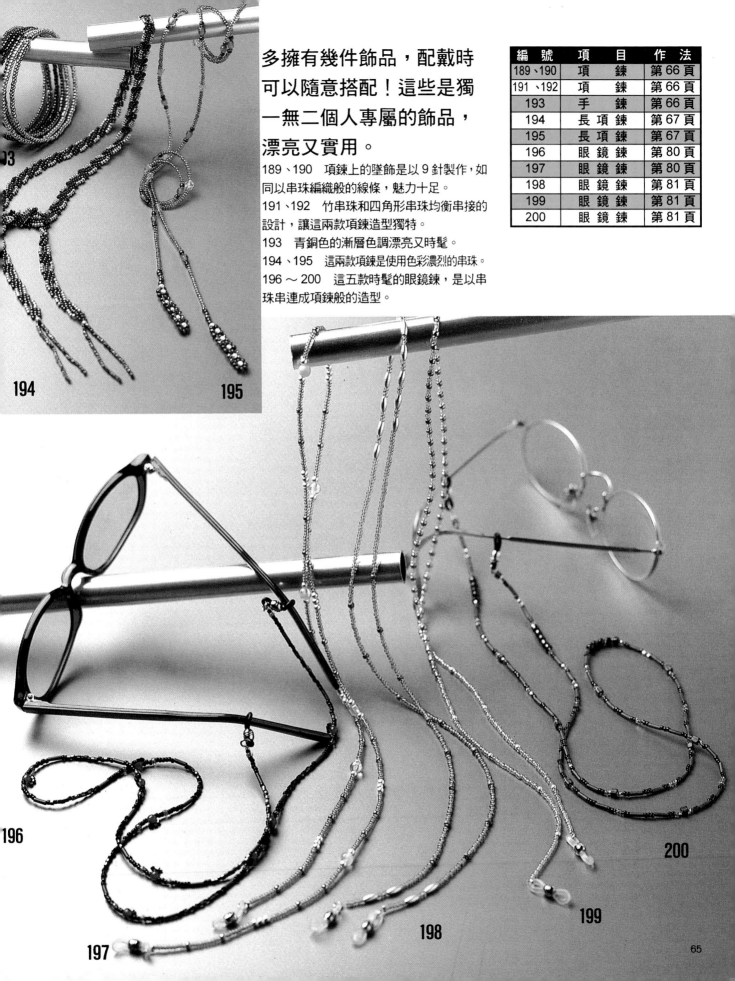

多擁有幾件飾品，配戴時可以隨意搭配！這些是獨一無二個人專屬的飾品，漂亮又實用。

189、190　項鍊上的墜飾是以9針製作，如同以串珠編織般的線條，魅力十足。

191、192　竹串珠和四角形串珠均衡串接的設計，讓這兩款項鍊造型獨特。

193　青銅色的漸層色調漂亮又時髦。

194、195　這兩款項鍊是使用色彩濃烈的串珠。

196～200　這五款時髦的眼鏡鍊，是以串珠串連成項鍊般的造型。

編　號	項　　目	作　　法
189、190	項　　鍊	第66頁
191、192	項　　鍊	第66頁
193	手　　鍊	第66頁
194	長 項 鍊	第67頁
195	長 項 鍊	第67頁
196	眼 鏡 鍊	第80頁
197	眼 鏡 鍊	第80頁
198	眼 鏡 鍊	第81頁
199	眼 鏡 鍊	第81頁
200	眼 鏡 鍊	第81頁

194

195

196

197

198

199

200

第 64 頁 189　項鍊長度＝約 60cm
◆材料◆　（使用 TOHO 串珠）

圓形大串珠（鍍銀黃 22 ）	14	個
圓形大串珠（深褐色 222）	30	個
六角形小串珠（霧面銅 514F ）	42	個
竹串珠（ 6mm 金色 722 ）	7	個
水晶切割串珠（4mm 黃玉色 J-54-3 ）	9	個
玫瑰串珠（ 6mm α-2357 ）	2	個
調整鍊（古銅色 α-653DF ）	約 60cm	
9 針（ 30mm 古銅色 α-516DF ）	4	根
T 針（ 22mm 古銅色 α-514DF ）	2	根
T 針（ 45mm 古銅色 α-515DF ）	7	根
釦環（圓形彈簧頭 霧面銅 9-1-2DF ）	1	組
接環（橢圓形 霧面銅 9-6-2MS ）	2	個
接環（圓形環 霧面銅 9-6-4MS ）	2	個

第 64 頁 190　項鍊長度＝約 60cm
◆材料◆　（使用 TOHO 串珠）

圓形大串珠（透明霧面 1F ）	14	個
圓形大串珠（鍍銀 21 ）	30	個
六角形小串珠（銀色 586 ）	42	個
竹串珠（ 6mm 銀色 711 ）	7	個
水晶切割串珠（ 4mm 水晶 J-54-2 ）	9	個
紋飾串珠（ 6mm 白色 α-1101 ）	2	個
調整鍊（古銅銀 α-653SF ）	約 60cm	
9 針（ 30cm 古銅銀 α-516SF ）	4	根
T 針（ 22mm 古銅銀 α-514SF ）	2	銀
T 針（ 45mm 古銅銀 α-515SF ）	7	根
釦環（圓形彈簧頭 霧面銀 9-1-2MS ）	1	組
接環（橢圓形 霧面銀 9-6-2MS ）	2	個
接環（圓形環 霧面銀 9-6-4MS ）	2	個

第 64 頁 191　項鍊長度＝約 80cm
◆材料◆　（使用 TOHO 串珠）

四角形串珠（ 4mm 紫色 39 ）	38	個
圓形大串珠（紫色 115 ）	168	個
竹串珠（ 6mm 紫色 703 ）	68	個
9 針（ 30mm 霧面銀 α-516MS ）	38	根
T 針（ 22mm 霧面銀 α-514MS ）	2	根
接環（圓形環 3.8mm 霧面銀 α-532MS ）	24	個
釦環組（霧面銀 α-501MS ）	1	組
〔狗鍊形彈簧頭、雙孔連接片、接環〕		

第 64 頁 192　項鍊長度＝約 80cm
◆材料◆　（使用 TOHO 串珠）

四角形串珠（ 4mm 水藍色 33 ）	38	個
圓形大串珠（水藍色 321 ）	168	個
竹串珠（ 6mm 綠色 706 ）	68	個
9 針（ 30mm 霧面銀 α-516MS ）	38	根
T 針（ 22mm 霧面銀 α-514MS ）	2	根
接環（圓形環 3.8mm 霧面銀 α-532MS ）	24	個
釦環組（霧面銀 α-501MS ）	1	組
〔狗鍊形彈簧頭、雙孔連接片、接環〕		

第 65 頁 193　手鍊長度＝約 19.5cm
◆材料◆　（使用 TOHO 串珠）

圓形大串珠（忽綠忽藍 83 ）	100	個
圓形大串珠（青銅色 204 ）	100	個
圓形大串珠（金褐色 221 ）	100	個
圓形大串珠（茶褐色 222 ）	100	個
圓形大串珠（粉紅色 555 ）	100	個
圓形大串珠（淺灰黃色 556 ）	100	個
飾品用線（任選喜愛的顏色 6-16-1 ）	約 1m80cm	

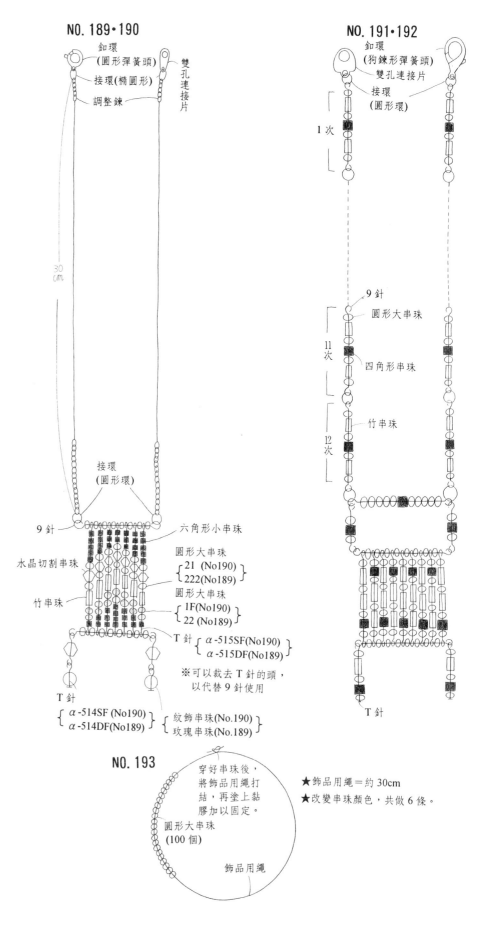

NO. 189・190

釦環（圓形彈簧頭）
接環（橢圓形）
調整鍊
雙孔連接片

30 cm

接環（圓形環）

9 針
六角形小串珠
水晶切割串珠
竹串珠

圓形大串珠
21 (No190)
222(No189)

圓形大串珠
1F(No190)
22 (No189)

T 針 α-515SF(No190)
α-515DF(No189)

※可以裁去 T 針的頭，
以代替 9 針使用

T 針
α-514SF (No190)
α-514DF (No189)

紋飾串珠(No.190)
玫瑰串珠(No.189)

NO. 191・192

釦環（狗鍊形彈簧頭）
雙孔連接片
接環（圓形環）

1 次

9 針
圓形大串珠
11 次
四角形串珠
12 次
竹串珠

T 針

NO. 193

穿好串珠後，將飾品用繩打結，再塗上黏膠加以固定。

圓形大串珠
(100 個)

飾品用繩

★飾品用繩＝約 30cm
★改變串珠顏色，共做 6 條。

第65頁 194　長度＝約75cm

◆材料◆　（使用 TOHO 串珠）

圓形小串珠（茶褐色 222 ）	828 個
圓形小串珠（粉紅色 555 ）	408 個
圓形大串珠（粉紅色 555 ）	2 個
切割串珠（茶褐色 CR221 ）	120 個
串珠手藝用線（#50 6-12-3 ）	約 5m

第65頁 195　長度＝約99cm

◆材料◆　（使用 TOHO 串珠）

圓形小串珠（青銅色 204 ）	480 個
圓形小串珠（水藍色 789 ）	24 個
圓形大串珠（金褐色 221 ）	20 個
實心串珠（圓形大 茶褐色 702 ）	80 個
霧面銀珍珠（ 3mm α-36 ）	12 個
壓克力串珠（ 4mm 水藍色 α-267 ）	12 個
紋飾串珠（水藍色 α-2413 ）	11 個
釣魚線（ 3 號、6-11-3 ）	約 3m

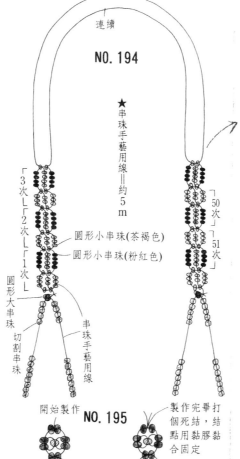

NO. 194

連續

★串珠手藝用線＝約 5 m

「3次」「2次」「1次」

圓形小串珠(茶褐色)

圓形小串珠(粉紅色)

圓形大串珠

切割串珠

串珠手藝用線

開始製作　NO. 195

製作完畢打個死結，結點用黏膠黏合固定

5　5

霧面銀珍珠（α-36）

圓形大實心串珠(702)

圓形大串珠(221)

20個

圓形小串珠(204)

圓形小串珠(708)

壓克力串珠

20個

1次　12次

紋飾串珠

★釣魚線＝約 3 m

釣魚線

50次　51次

圓形小串珠(粉紅色)

圓形小串珠(茶褐色)

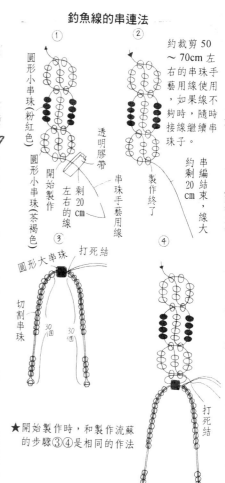

釣魚線的串連法

① ②

約裁剪 50 ～ 70cm 左右的串珠手藝用線使用，如果線不夠時，隨時接續繼續串珠子。

透明膠帶

開始製作

剩 20 cm 左右的線

串珠手藝用線

製作終了

串編結束，線大約剩 20 cm

③

圓形大串珠　打死結

切割串珠

30個　30個

④

打死結

★開始製作時，和製作流蘇的步驟③④是相同的作法

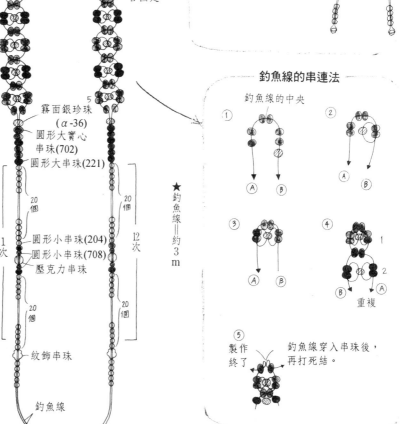

釣魚線的串連法

釣魚線的中央

① ②

Ⓐ　Ⓑ

Ⓐ　Ⓑ

③ ④

1 2

Ⓐ　Ⓑ　Ⓑ　Ⓐ

重複

⑤　製作終了

釣魚線穿入串珠後，再打死結。

第4頁 4　項鍊長度＝41cm
◆材料◆　（使用 TOHO 串珠）
珍珠（圓形 2.5mm 珍珠色 201 ）	15 個
珍珠（圓形 3mm 珍珠色 201 ）	15 個
圓形小串珠（鍍銀 21 ）	48 個
釦環組（霧面銀 α-501MS ）	1 組

〔圓形彈簧頭、雙孔連接片、接環、線頭夾〕
釣魚線（ 3 號 6-11-3 ）	約 1m20cm
鐵絲（#34 銀色 11-34-2 ）	約 1m10cm

第4頁 5　項鍊長度＝約41cm
◆材料◆　（使用 TOHO 串珠）
珍珠（圓形 3mm 黑色 204 ）	30 個
切割串珠（忽藍忽綠 CR81 ）	48 個
釦環組（燻黑 α-501L ）	1 組

〔狗鍊形彈簧頭、雙孔連接片、接環、線頭夾〕
鐵絲（#34 銀色 11-34-2 ）	約 1m10cm
釣魚線（ 3 號 6-11-3 ）	約 1m20cm

第5頁 10　項鍊長度＝約39cm
◆材料◆　（使用 TOHO 串珠）
水晶切割串珠（8mm 紅寶石色 J-53-6 ）	3 個
水晶切割串珠（6mm 紅寶石色 J-52-6 ）	6 個
水晶切割串珠（ 6mm 黑色 J-52-10 ）	3 個
圓形小串珠（黑色 49 ）	14 個
珍珠（圓形 3mm 黑色 204 ）	14 個
切割串珠（紅色 CR58 ）	1 個
釦環組（霧面銀 α-501MS ）	1 組

〔狗鍊形彈簧頭、接環、雙孔連接片〕
接環（圓形環 5mm 霧面銀 α-533MS ）	1 個
T 針（ 22mm 霧面銀 α-514MS ）	1 根
9 針（ 30mm 霧面銀 α-516MS ）	1 根
飾品用繩（附 4 個固定環）	
（ 2m 一卷、銀色、α-700 ）	1 條
釣魚線（ 3 號 6-11-3 ）	約 30cm

第32頁 87　項鍊長度＝約37cm
◆材料◆　（使用 TOHO 串珠）
壓克力串珠	
（ 4mm 紅瑪瑙色 J-502-4 ）	23 個
壓克力串珠（8mm 紅瑪瑙色 J-502-8 ）	1 個
圓形大串珠（褐色 46 ）	82 個
圓形小串珠（褐色 46 ）	8 個
釦環組（霧面金 α-500MS ）	1 組

〔圓形彈簧頭、雙孔連接片、接環〕
9 針（ 30mm 霧面金 α-516MG ）	34 根
T 針（ 22mm 霧面金 α-514MG ）	1 根
釣魚線（ 3 號 6-11-3 ）	約 1m20cm

部分 A(23 個)　　♥部分 B(6 個)
9 針　　　　　　　　9 針
壓克力串珠　　　圓形大串珠 5 個
(4mm)

♥部分 C(4 個) 34.9 針　　♥部分 D(1 個)
9 針　　　　　　　9 針
圓形小串珠　　　圓形大串珠 3 個
串珠球（圓形大串珠、12 個）
(作法第 82 頁)

♥部分 E(1 個)
T 針
圓形大串珠
壓克力串珠
(8mm)

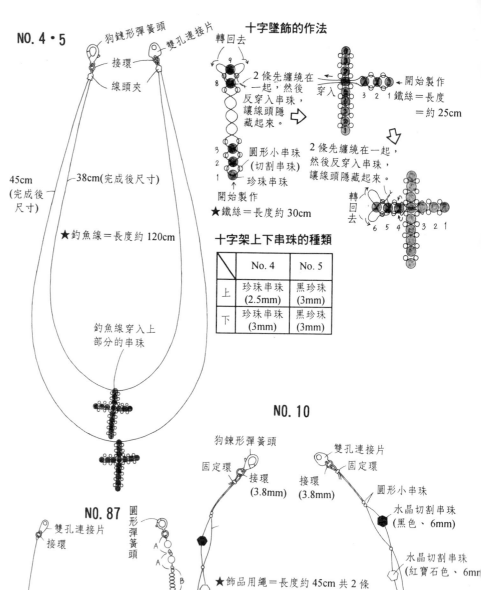

NO. 4 · 5

十字墜飾的作法

狗鍊形彈簧頭
雙孔連接片
接環
線頭夾

45cm（完成後尺寸）
38cm(完成後尺寸)
★釣魚線＝長度約 120cm
釣魚線穿入上部分的串珠

2 條先纏繞在一起，然後反穿入串珠，讓線頭隱藏起來。

圓形小串珠（切割串珠）
珍珠串珠
開始製作
★鐵絲＝長度約 30cm

開始製作
穿入
3 2 1 鐵絲＝長度 ＝約 25cm

2 條先纏繞在一起，然後反穿入串珠，讓線頭隱藏起來。

轉回去
6 5 4　3 2 1

十字架上下串珠的種類
	No. 4	No. 5
上	珍珠串珠 (2.5mm)	黑珍珠 (3mm)
下	珍珠串珠 (3mm)	黑珍珠 (3mm)

NO. 10

狗鍊形彈簧頭
固定環
接環 (3.8mm)
雙孔連接片
固定環
接環 (3.8mm)
圓形小串珠
水晶切割串珠（黑色、6mm）
水晶切割串珠（紅寶石色、6mm）
★飾品用繩＝長度約 45cm 共 2 條
(作法在第 82 頁)
串珠球(黑珍珠、12 個)
圓形小串珠
水晶切割串珠（紅寶石色、8mm）
接環 (5mm)
黑珍珠
切割串珠
9 針
T 針

NO. 87
雙孔連接片
接環
圓形彈簧頭
中央
T 針
E

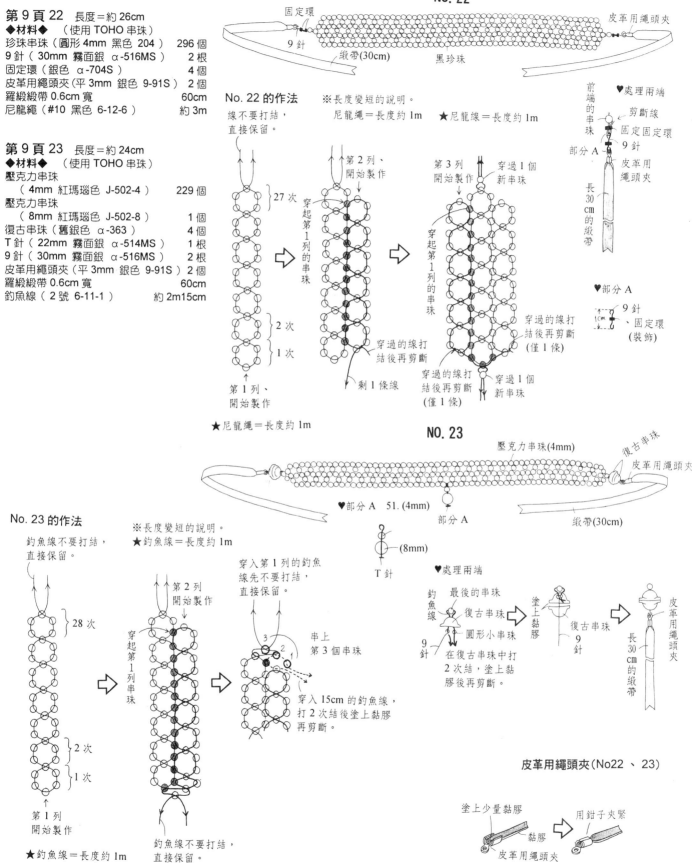

NO. 22

固定環
9 針
緞帶(30cm)
黑珍珠
皮革用繩頭夾

第9頁22　長度＝約26cm
◆材料◆　（使用 TOHO 串珠）
珍珠串珠（圓形 4mm 黑色 204）　296 個
9 針（30mm 霧面銀 α-516MS）　2 根
固定環（銀色 α-704S）　4 個
皮革用繩頭夾(平 3mm 銀色 9-91S)　2 個
羅緞緞帶 0.6cm 寬　60cm
尼龍繩（#10 黑色 6-12-6）　約 3m

第9頁23　長度＝約24cm
◆材料◆　（使用 TOHO 串珠）
壓克力串珠
（4mm 紅瑪瑙色 J-502-4）　229 個
壓克力串珠
（8mm 紅瑪瑙色 J-502-8）　1 個
復古串珠（舊銀色 α-363）　4 個
T 針（22mm 霧面銀 α-514MS）　1 根
9 針（30mm 霧面銀 α-516MS）　2 根
皮革用繩頭夾(平 3mm 銀色 9-91S)　2 個
羅緞緞帶 0.6cm 寬　60cm
釣魚線（2 號 6-11-1）　約 2m15cm

No. 22 的作法
線不要打結，
直接保留。

※長度變短的說明。
尼龍繩＝長度約 1m

★尼龍線＝長度約 1m

27 次
第 1 列的串珠

第 2 列、
開始製作

穿起第 1 列的串珠

2 次
1 次

第 1 列、
開始製作

★尼龍繩＝長度約 1m

剩 1 條線

穿過的線打結後再剪斷

第 3 列開始製作
穿過 1 個新串珠

穿起第 1 列的串珠

穿過的線打結後再剪斷
（僅 1 條）

穿過的線打結後再剪斷
（僅 1 條）

穿過 1 個新串珠

♥處理兩端
前端的串珠
剪斷線
固定固定環
9 針
部分 A
皮革用繩頭夾

長 30 cm 的緞帶

♥部分 A
9 針
固定環
（裝飾）

NO. 23

壓克力串珠(4mm)
復古串珠
皮革用繩頭夾
♥部分 A　51. (4mm)
部分 A
緞帶(30cm)

No. 23 的作法
釣魚線不要打結，
直接保留。

※長度變短的說明。
★釣魚線＝長度約 1m

28 次

第 2 列開始製作

穿起第 1 列串珠

2 次
1 次

第 1 列開始製作

★釣魚線＝長度約 1m

釣魚線不要打結，
直接保留。

穿入第 1 列的釣魚線先不要打結，
直接保留。

串上第 3 個串珠

穿入 15cm 的釣魚線，打 2 次結後塗上黏膠再剪斷。

(8mm)
T 針

♥處理兩端
釣魚線　最後的串珠
復古串珠
9 針
圓形小串珠
在復古串珠中打 2 次結，塗上黏膠後再剪斷。

塗上黏膠
復古串珠
9 針

皮革用繩頭夾
長 30 cm 的緞帶

皮革用繩頭夾(No22、23)
塗上少量黏膠
黏膠
皮革用繩頭夾
用鉗子夾緊

第 9 頁 18　戒指長度＝約 6.5cm
◆材料◆　（使用 TOHO 串珠）
珍珠串珠（4mm 霧面銀 α-37）　28 個
圓形小串珠（霧面鍍銀 21F）　84 個
釣魚線（2 號 6-11-1）　約 1m

第 17 頁 54　戒指長度＝約 6.5cm
◆材料◆　（使用 TOHO 串珠）
珍珠（圓形 4mm 霧面金 α-47）　28 個
圓形小串珠（霧面金 22F）　84 個
釣魚線（2 號 6-11-1）　約 1m

第 9 頁 24　戒指長度＝約 6cm
◆材料◆　（使用 TOHO 串珠）
壓克力串珠
　（4mm 紅瑪瑙色 J-502-4）　35 個
釣魚線（3 號 6-11-3）　約 85cm

第 21 頁 63　項鍊長度＝約 40cm
◆材料◆　（使用 TOHO 串珠）
水晶切割串珠（8mm 藍色 J-53-4）　2 個
水晶切割串珠
　（6mm 深藍色 J-56-12）　12 個
圓形小串珠（霧面銀 21F）　235 個
附狗鍊形彈簧頭飾品用線
　（銀色 α-510）　約 45cm
固定環（銀色 α-704S）　2 個
釣魚線（2 號 6-11-1）　約 20cm
◆作法和第 33 頁的 90 作法相同。

第 33 頁 90　項鍊長度＝約 40cm
◆材料◆　（使用 TOHO 串珠）
水晶切割串珠（8mm 紅色 J-53-6）　2 個
水晶切割串珠（6mm 紅色 J-52-6）　12 個
圓形小串珠（黑晨光色 251）　235 個
鈕環組（燻黑 α-501）　1 組
〔狗鍊形彈簧頭、雙孔連接片〕
飾品用繩（附 4 個固定環）
　（銀、α-700）　約 45cm
釣魚線（2 號 6-11-1）　約 20cm

NO. 18・54

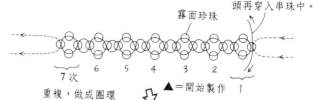

♥第 1 周　★釣魚線＝長度約 50cm

霧面珍珠

7 次　　6　5　4　3　2
重複，做成圈環

▲＝開始製作　1

製作終了後，釣魚線打 2 次結，再塗上黏膠，剩下的線頭再穿入串珠中。

★釣魚線＝長度約 50cm

♥第 2 圈

圓形小串珠
6 個

開始

6　7　1　2　3　4

●＝釣魚線穿入串珠

第 2 圈串連完畢後，再如此繼續下去

♥第 2 圈、第 3 圈

開始第 3 圈

5　6　7　1　2　3
圓形小串珠

開始製作和製作終了的線都拉近後打結，打 2 次結後塗上黏膠，前端再穿入串珠中。

♥第 3 圈

6　7　1　2　3　4

NO. 63・90

NO. 24

♥部分 A

・第 1 列 ★釣魚線＝長度約 15cm

打結

・第 2 列　★釣魚線＝長度約 40cm

▲＝開始製作

打結

串起第 1 列串珠

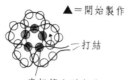

部分 A

11 個　　做成圈狀

拉近的釣魚線打結後塗上黏膠

★穿入約 30cm 的釣魚線

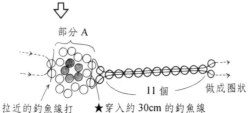

狗鍊形彈簧頭　雙孔連接片

固定環　　固定環

64 個

★飾品用繩＝長度約 45cm、除指定外均為圓形小串珠

水晶切割串珠（6mm）

30 個

固定環

水晶切割串珠（8mm）

釣魚線裁成約剩 1.5cm

5 個

(6mm)

(6mm)

(6mm)

10 個

(6mm)

5 個

5 個

★釣魚線＝長度約 20cm、水晶切割串珠（8mm）

第25頁 72 項鍊長度＝約17cm
◆材料◆ （使用 TOHO 串珠）
圓形大串珠（淺橘色 148 ） 315 個
圓形大串珠（橘色 111 ） 1 盒
圓形大串珠（黃色 102 ） 1 盒
圓形大串珠（水藍色 143 ） 1 盒
圓形大串珠（黃色 142 ） 1 盒
月牙形混合（ 3mm 5 色 BM60 ） 1 盒
特大混合串珠（5.5mm 8 色 BM20 ） 20 個
釦環（扣式項鍊頭 金色 9-1-3G ） 1 組
接環（圓形環 3.8mm 金色 9-6-4G ） 2 個
線頭夾（金色 9-4-1G ） 2 個
釣魚線（ 3 號 6-11-3 ） 約1m70cm
◆Ⓐ側僅穿入圓形大串珠(148)。
◆Ⓑ側穿入圓形大串珠(111、102、148、
142)和月牙形混合串珠(BM60)，任意配色
（和Ⓐ側相同尺寸，約 15～18 個左右）。

第25頁 73 長度＝約32cm
◆材料◆ （使用 TOHO 串珠）
壓克力串珠（ 8mm 紅色 J-502 ） 9 個
壓克力串珠（ 8mm 琥珀色 J-500 ） 8 個
珍珠串珠（ 2mm 霧面金 α-44 ） 50 個
珍珠串珠（ 4mm 霧面金 α-47 ） 170 個
羅緞緞帶 0.6cm 寬 約65cm
釣魚線（ 2 號 6-11-1 ） 約1m70cm

第25頁 74 長度＝約33cm
◆材料◆ （使用 TOHO 串珠）
壓克力串珠（ 8mm 琥珀色 J-500 ） 16 個
珍珠串珠（ 2mm 霧面金 α-44 ） 32 個
珍珠串珠（ 4mm 霧面金 α-47 ） 160 個
圓形小串珠（綠色 103 ） 81 個
羅緞緞帶 0.6cm 寬 約65cm
釣魚線（ 2 號 6-11-1 ） 約1m70cm

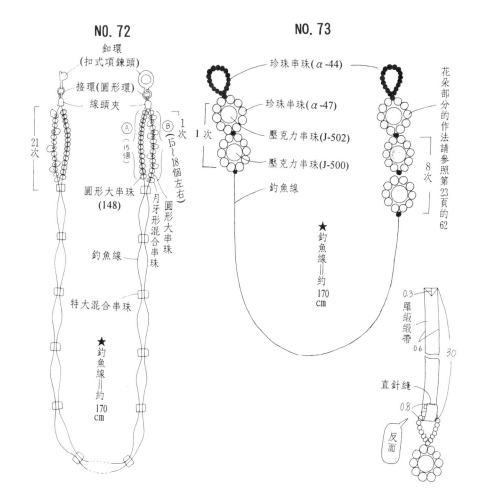

NO. 72

釦環
（扣式項鍊頭）

接環(圓形環)

線頭夾

21次

Ⓐ
（15個）

Ⓑ
（15～18個左右）

1次

圓形大串珠
(148)

月牙形混合串珠

圓形大串珠

釣魚線

特大混合串珠

★釣魚線＝約170cm

NO. 73

珍珠串珠(α-44)

珍珠串珠(α-47)

壓克力串珠(J-502)

壓克力串珠(J-500)

釣魚線

1次

花朵部分的作法請參照第23頁的62

8次

★釣魚線＝約170cm

0.3

羅緞緞帶

0.6

30

直針縫

0.8

反面

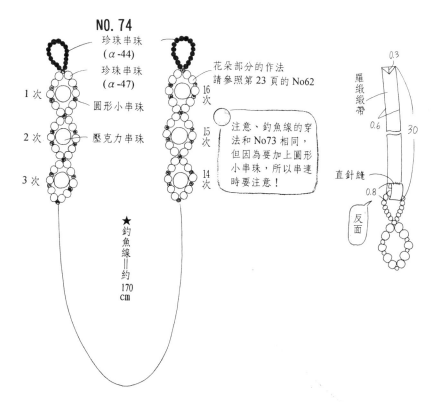

NO. 74

珍珠串珠（α-44）

珍珠串珠（α-47）

圓形小串珠

壓克力串珠

1次

2次

3次

16次

15次

14次

花朵部分的作法請參照第23頁的No62

注意、釣魚線的穿法和No73相同，但因為要加上圓形小串珠，所以串連時要注意！

★釣魚線＝約170cm

0.3

羅緞緞帶

0.6

30

直針縫

0.8

反面

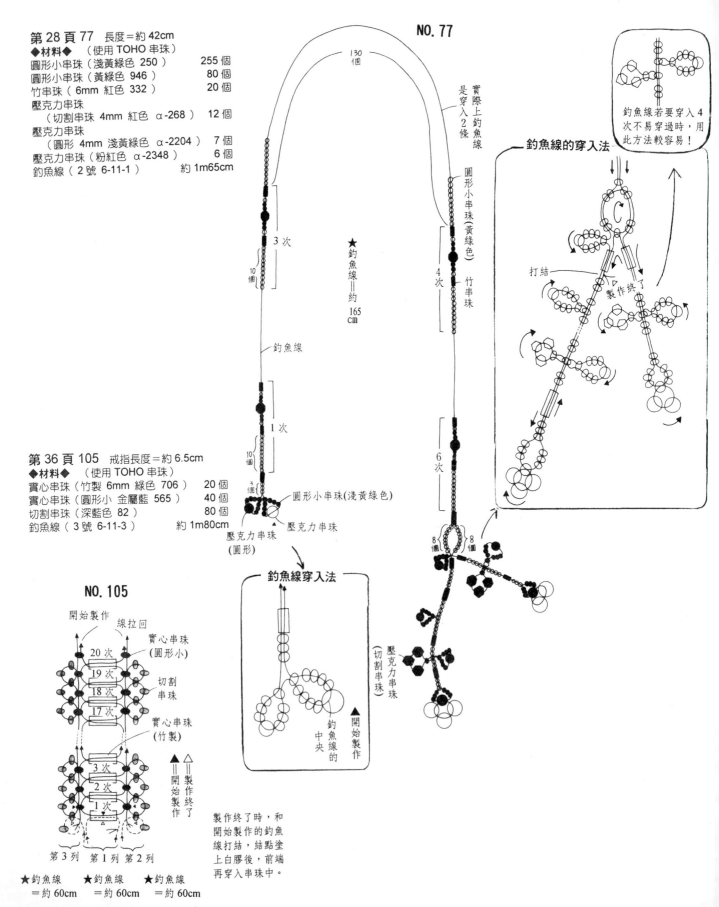

第28頁 77　長度＝約42cm
◆材料◆　（使用TOHO串珠）
圓形小串珠（淺黃綠色 250 ）　　255 個
圓形小串珠（黃綠色 946 ）　　　80 個
竹串珠（ 6mm 紅色 332 ）　　　　20 個
壓克力串珠
　（切割串珠 4mm 紅色 α-268 ）　12 個
壓克力串珠
　（圓形 4mm 淺黃綠色 α-2204 ）　7 個
壓克力串珠（粉紅色 α-2348 ）　　6 個
釣魚線（ 2 號 6-11-1 ）　　　約 1m65cm

NO. 77

130
個

實際上釣魚線
是穿入 2 條

圓形小串珠（黃綠色）

4 次

竹串珠

3 次

10
個

★
釣
魚
線
＝
約
165
cm

釣魚線

1 次

10
個

3
個

圓形小串珠(淺黃綠色)

壓克力串珠

壓克力串珠
（圓形）

釣魚線的穿入法

釣魚線若要穿入 4
次不易穿過時，用
此方法較容易！

打結

製作終了

6 次

8
個　　8
個

壓克力串珠
（切割串珠）

第36頁 105　戒指長度＝約6.5cm
◆材料◆　（使用TOHO串珠）
實心串珠（竹製 6mm 綠色 706 ）　20 個
實心串珠（圓形小 金屬藍 565 ）　40 個
切割串珠（深藍色 82 ）　　　　　80 個
釣魚線（ 3 號 6-11-3 ）　　　約 1m80cm

NO. 105

開始製作　　線拉回

實心串珠
（圓形小）

20 次

19 次

切割
串珠

18 次

17 次

實心串珠
（竹製）

3 次

2 次

1 次

▲
＝
開
始
製
作

△
＝
製
作
終
了

第 3 列　第 1 列　第 2 列

★釣魚線　　★釣魚線　　★釣魚線
＝約 60cm　＝約 60cm　＝約 60cm

釣魚線穿入法

釣
魚
線
的
中
央

▲
開
始
製
作

製作終了時，和
開始製作的釣魚
線打結，結點塗
上白膠後，前端
再穿入串珠中。

72

第 29 頁 81　項鍊長度＝約 46cm
◆材料◆　（使用 TOHO 串珠）
壓克力串珠（6mm 透明　α-225 ）　14 個
壓克力串珠（各種形 粉紅色 α-210 ）26 個
金線絨毛串珠（10mm 白色 6-27-1）12 個
圓形小串珠（粉紅色 26 ）　26 個
貝殼串珠（自然 α-429 ）　12 個
鈕環（霧面銀 α-501MS ）　1 組
〔狗鍊形彈簧頭、雙孔連接片、接環、線頭夾〕
串珠手藝用線（白色 α-705 ）　約 1m30cm

第 29 頁 83　項鍊長度＝約 44cm
◆材料◆　（使用 TOHO 串珠）
絨毛串珠（ 10mm 粉紅色 6-27-2 ）　12 個
壓克力串珠（10mm 粉紅色 α-204 ）13 個
圓形小串珠（粉紅色 26 ）　32 個
彩色珍珠（ 4mm 粉紅色 103 ）　32 個
鈎環組（霧面銀 α-501MS ）　1 組
〔狗鍊形彈簧頭、雙孔連接片、接環、線頭夾〕
串珠手藝用線（白色 α-705 ）　約 1m20cm

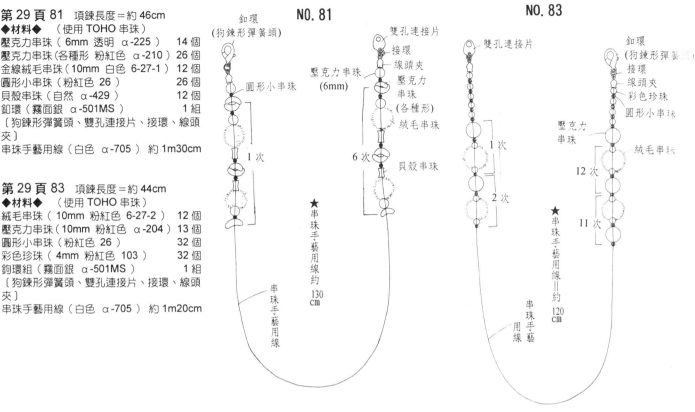

NO. 81

NO. 83

第 36 頁 106　戒指長度＝ 6.5cm
◆材料◆　（使用 TOHO 串珠）
實心串珠（竹製 6mm 銀色 711 ）　30 個
圓形小串珠（粉紅色 555 ）　90 個
釣魚線（ 2 號 6-11-1 ）　約 2m

第 36 頁 107　戒指長度＝約 6.5cm
◆材料◆　（使用 TOHO 串珠）
圓心大串珠（淺灰黃色 556 ）　56 個
圓形小串珠（青銅色 204 ）　96 個
釣魚線（ 3 號 6-11-3 ）　約 1m20cm

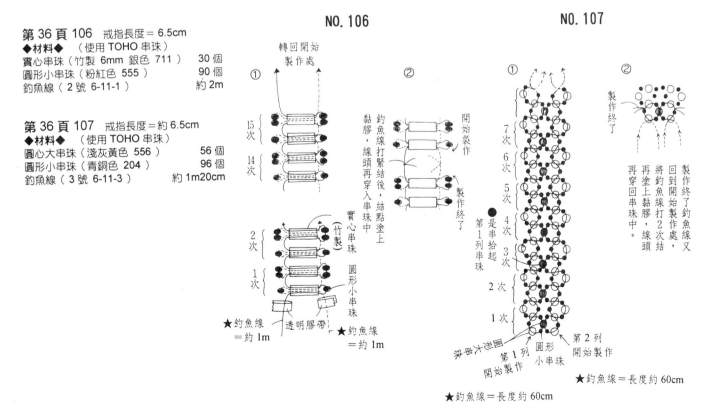

NO. 106

NO. 107

第 37 頁 108
　　蝴蝶長度＝約 2.5cm　寬＝約 2.8cm
◆材料◆　　（使用 TOHO 串珠）
實心串珠（圓形小　銀燻黑 602 ）　　82 個
水晶切割串珠（6mm 亮面 J-52-11）　1 個
切割串珠（銀色 CR-539 ）　　　　　2 個
鐵絲（#31 銀色 11-31-2 ）　　約 1m40cm
髮夾（長度 6cm 寬 1cm 黑色）　　　1 根

第 37 頁 109
　　蝴蝶長度＝約 2.5cm　寬＝約 2.8cm
◆材料◆　　（使用 TOHO 串珠）
圓形小串珠（藍色 48 ）　　　　　　44 個
圓形小串珠（銀色 21 ）　　　　　　38 個
圓形小串珠（綠色 47 ）　　　　　　2 個
四角形串珠（ 4mm 黃色 42F ）　　　1 個
鐵絲（#31 銀色 11-31-2 ）　　　　約 1m
髮夾（長 6cm 寬 1cm 藍色）　　　　1 根

第 37 頁 110
　　蝴蝶長度＝約 2.5cm　寬＝約 2.8cm
◆材料◆　　（使用 TOHO 串珠）
圓形小串珠（紅色 45A ）　　　　　44 個
實心串珠（圓形小 銀色 714 ）　　　40 個
四角形串珠（ 4mm 紅色 45F ）　　　1 個
鐵絲（#31 銀色 11-31-2 ）　　　　約 1m
髮夾（長度 6cm 寬 1cm 紅色）　　　1 根

第 37 頁 111
　　蝴蝶長度＝約 2.5cm　寬＝約 2.8cm
◆材料◆　　（使用 TOHO 串珠）
復古串珠（圓形小 粉紅色 A-145 ）　44 個
圓形小串珠（銀色 21 ）　　　　　　40 個
水晶切割串珠（6mm 粉紅色 J-52-7 ）1 個
鐵絲（#31 銀色 11-31-2 ）　　約 1m40cm
髮夾（長度 6cm 寬 1cm 粉紅色）　　1 根

第 37 頁 112
　　蝴蝶長度＝約 2.5cm　寬＝約 2.8cm
◆材料◆　　（使用 TOHO 串珠）
圓形小串珠（深紅色 332 ）　　　　44 個
實心串珠（圓形小 銀燻黑 602 ）　　46 個
水晶切割串珠（ 6mm 紅色 J-52-6 ）　1 個
鐵絲（#31 銀色 11-31-2 ）　　約 1m40cm
髮夾（長度 6cm 寬 1cm 銀色）　　　1 根

第 37 頁 113　　蝴蝶長度＝約 2.5cm
　　寬＝約 2.8cm　戒指長度＝約 6.5cm
◆材料◆　　（使用 TOHO 串珠）
圓形小串珠（水藍色 43 ）　　　　　44 個
實心串珠（圓形小 金色 715 ）　　　132 個
四角形串珠（ 4mm 蛋白色 21F ）　　1 個
鐵絲（#31 金色 11-31-1 ）　　約 1m50cm
釣魚線（ 2 號、 6-11-1 ）　　　　約 70cm

NO. 108

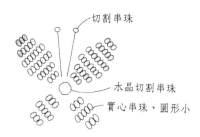

切割串珠

水晶切割串珠

實心串珠、圓形小

NO. 109

圓形小串珠(47)

圓形小串珠(21)

圓形小串珠(48)

四角形串珠

NO. 110

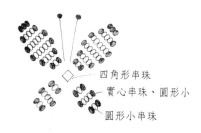

四角形串珠

實心串珠、圓形小

圓形小串珠

NO. 111

圓形小串珠

復古
串珠

水晶切割
串珠

圓形小串珠

NO. 112

實心串珠、圓形小

水晶切割串珠

圓形小串珠

NO. 113

實心小串珠、圓形小

圓形小串珠

四角形串珠

No. 113 的戒指作法

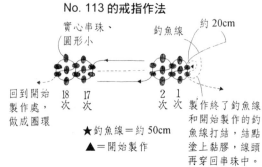

實心串珠、
圓形小

釣魚線

約 20cm

回到開始
製作處，
做成圈環

18
次

17
次

2
次

1
次

製作終了釣魚線
和開始製作的釣
魚線打結，結點
塗上黏膠，線頭
再穿回串珠中。

★釣魚線＝約 50cm

▲＝開始製作

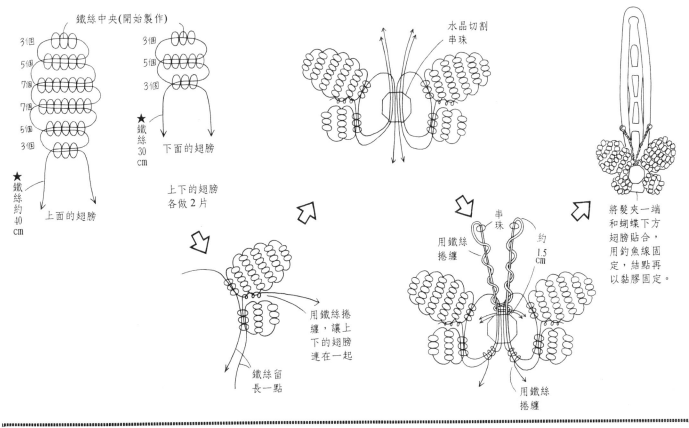

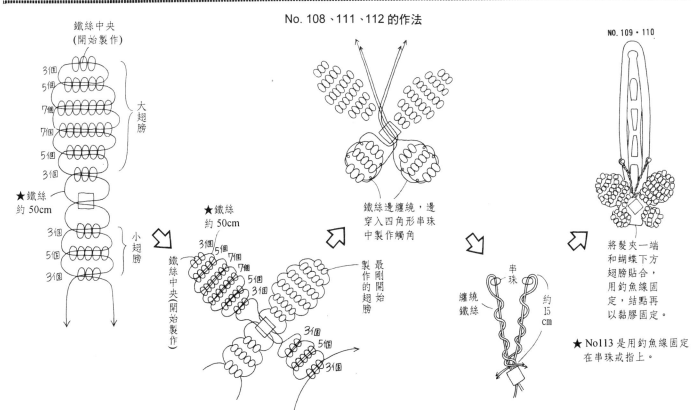

第 37 頁 114
　　長度＝約 14cm　寬＝約 12.5cm
◆材料◆　（使用 TOHO 串珠）
亮片（龜甲 6mm 銀色 500 ）　　　　85 個
髮箍　　　　　　　　　　　　　　　1 個
羅緞緞帶 1.5cm 寬　　　　　　　約 6cm
雙面膠　　　　　　　　　　　　約 40cm

第 37 頁 115
　　長度＝約 14cm　寬＝約 12.5cm
◆材料◆　（使用 TOHO 串珠）
亮片（龜甲 6mm 黑色 707 ）　　　　85 個
髮箍　　　　　　　　　　　　　　　1 個
羅緞緞帶 1.5cm 寬　　　　　　　約 6cm
雙面膠　　　　　　　　　　　　約 40cm

第 37 頁 116
　　長度＝約 14cm　寬＝約 12.5cm
◆材料◆　（使用 TOHO 串珠）
亮片（龜甲 6mm 白色 700 ）　　　　85 個
髮箍　　　　　　　　　　　　　　　1 個
羅緞緞帶 1.5cm 寬　　　　　　　約 6cm
雙面膠　　　　　　　　　　　　約 40cm

第 37 頁 117　長度＝約 6cm
◆材料◆　（使用 TOHO 串珠）
亮片（龜甲 6mm 黑色 707 ）　　　　15 個
髮夾　　　　　　　　　　　　　　　1 根

第 37 頁 118　長度＝約 6cm
◆材料◆　（使用 TOHO 串珠）
亮片（龜甲 6mm 紅色 507 ）　　　　15 個
髮夾　　　　　　　　　　　　　　　1 根

第 37 頁 119　長度＝約 6cm
◆材料◆　（使用 TOHO 串珠）
亮片（龜甲 6mm 粉紅色 605 ）　　　15 個
髮夾　　　　　　　　　　　　　　　1 根

第 37 頁 120　長度＝約 6cm
◆材料◆　（使用 TOHO 串珠）
亮片（龜甲 6mm 白色 700 ）　　　　15 個
髮夾　　　　　　　　　　　　　　　1 根

第 37 頁 121　長度＝約 6cm
◆材料◆　（使用 TOHO 串珠）
亮片（龜甲 6mm 黃色 703 ）　　　　15 個
髮夾　　　　　　　　　　　　　　　1 根

第 40 頁 130　長度＝約 20cm
◆材料◆　　（使用 TOHO 串珠）
新木串珠（ 8mm 水藍色 10 ）　　　　1 個
特大串珠（ 5.5mm 霧面白 41F ）　　50 個
特大混合串珠
　（ 5.5mm 水藍色 BM20 ）　　　　6 個
　（ 5.5mm 深藍色 BM20 ）　　　　6 個
四角形串珠混合（ 3mm 白色）　　　 2 個
　　　　　　　（ 3mm 深藍色）　　 1 個
木串珠（ 5 × 5mm 紅色 B5-3 ）　　12 個
復古串珠（銀燻黑 α-365 ）　　　　4 個
墜飾部分（藍色 α-411 ）　　　　　1 個
9 針（ 30mm 銀色 9-8-1S ）　　　　4 根
線頭夾（銀色 9-4-1S ）　　　　　　3 個
軟皮繩（平 3mm 紅色 104 ）　　 約 50cm

亮片的縫接法

開始製作

製作終了

正面

從反面穿入針

正面

（反面）

最後是在反面打結

用雙面膠黏貼

羅緞緞帶

黏膠

捲包上羅緞緞帶

亮片縫成帶狀後再貼上

亮片縫成帶狀後再貼上

15個

髮夾

用黏膠(瞬間膠)貼合

亮片的縫接法

開始製作

製作終了

正面

從反面插入針

正面

（反面）

最後是在反面打結。

Ⓐ 的作法

9針

線頭夾

串珠

9針

拉直前端穿入串珠後，前端再弄彎

約 10 cm

軟皮繩

打結

新木製串珠

特大串珠(41F)

四角形串珠 F 混合(深藍色)

特大混合串珠

（深藍色）

（水藍色）

Ⓐ

9 針

線頭夾

四角形串珠下、混合(白色)

（白色）

軟皮繩（實際上是 3mm 寬）

★ 軟皮繩＝約 50 cm

軟皮繩＝約 50 cm

木串珠

復古串珠

9 針

墜飾部分(迷你十字架)

76

第41頁 131　長度＝約18cm
◆材料◆　（使用 TOHO 串珠）
新木製混合串珠
　（ 8mm 粉紅色 α-113 ）　　　　3 個
　（ 8mm 紅色 α-113 ）　　　　　1 個
四角形串珠 F 混合（ 4mm 白色 ）　36 個
　　　　　　（ 4mm 淺水藍色 ）　8 個
　　　　　　（ 4mm 水藍色 ）　　8 個
　　　　　　（ 4mm 深藍色 ）　　8 個
　　　　　　（ 4mm 紅色 ）　　　20 個
復古串珠（銀燻黑 α-365 ）　　　1 個
9 針（ 30mm 銀色 9-8-1S ）　　1 根
釣魚線（ 4 號 6-11-4 ）　　　約 50cm
軟皮繩（平 3mm 紫色 109 ）　約 50cm

第48頁 153　項鍊長度＝約 90cm
◆材料◆　（使用 TOHO 串珠）
新木製串珠混合
　（ 8mm 水藍色 α-113 ）　　　1 個
雕花串珠（銀燻黑 FB-32 ）　　　1 個
雕花串珠（銀燻黑 FB-2 ）　　　1 個
雕花串珠（銀燻黑 FB-26 ）　　　1 個
新木製串珠　混合
　（ 6mm 水藍色 α-112 ）　　　2 個
彩色皮繩（圓形 1mm 黑色 α-754 ）約 1m
皮革用繩頭夾
　（圓形 2mm 用　銀色 9-90S ）　2 個
接環（圓形環 3.8mm 銀色 9-6-4S ）　1 個
鳥羽　　　　　　　　　　　　　2 片
鈕釦（ 1.5cm 左右 ）　　　　　3 個

第49頁 157　項鍊長度＝約 48cm
◆材料◆　（使用 TOHO 串珠）
骨製串珠（ 10mm α-407 ）　　2 個
木串珠（ 4×8mm 淺灰黃色 FS8-1 ）　9 個
木串珠（ 3mm 淺灰黃色 R3-1 ）　28 個
木串珠（ 3mm 棕色 R3-2 ）　　26 個
木串珠　混合（ 3mm 黃色 R3-M ）　2 個
實心串珠（圓形小 綠色 706 ）　318 個
鈕環組（銀燻黑 α-500GF ）　　1 組
〔圓形彈簧頭、雙孔連接片、接環、線頭夾〕
串珠手藝線（#20 6-12-2 ）　　約 1m60cm

第49頁 158　項鍊長＝約 48cm
◆材料◆　（使用 TOHO 串珠）
骨製串珠（ 10mm α-407 ）　　2 個
木串珠（ 4×8mm 淺灰黃色 FS8-1 ）　6 個
木串珠（ 4×8mm 棕色 FS8-2 ）　3 個
木串珠（ 3mm 淺灰黃色 R3-1 ）　28 個
木串珠（ 3mm 棕色 R3-2 ）　　26 個
木串珠　混合（ 3mm 綠色 R3-M ）　2 個
圓形小串珠（紅色 45 ）　　　　318 個
鈕環組（霧面銀 α-500MG ）　　1 組
〔圓形彈簧頭、雙孔連接片、接環、線頭夾〕
串珠手藝用線（#20 6-12-2 ）　約 1m60cm

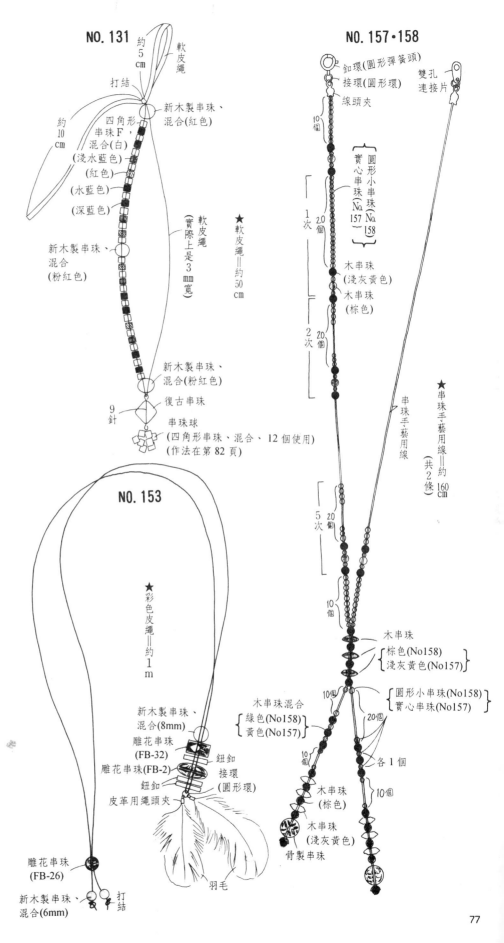

NO. 131

約 5 cm
軟皮繩
打結
約 10 cm
新木製串珠、混合（紅色）
四角形串珠 F，混合（白）
（淺水藍色）
（紅色）
（水藍色）
（深藍色）
軟皮繩（實際上是 3 ㎜ 寬）
★ 軟皮繩＝約 50 cm
新木製串珠、混合（粉紅色）
新木製串珠、混合（粉紅色）
9 針
復古串珠
串珠球
（四角形串珠、混合、12 個使用）
（作法在第 82 頁）

NO. 153
★ 彩色皮繩＝約 1 m
新木製串珠、混合(8mm)
雕花串珠(FB-32)
雕花串珠(FB-2)
鈕釦 接環（圓形環）
鈕釦
皮革用繩頭夾
羽毛
雕花串珠(FB-26)
新木製串珠、混合(6mm)
打結

NO. 157・158
鈕環(圓形彈簧頭)
接環(圓形環)
線頭夾
雙孔連接片
實心小串珠(No 157)
圓形小串珠(No 158)
1 次　10 個
20 個
木串珠（淺灰黃色）
木串珠（棕色）
2 次　20 個
串珠手藝用線
★ 串珠手藝用線＝約 160 cm（共 2 條）
5 次　20 個
10 個
木串珠
棕色(No158) 淺灰黃色(No157)
圓形小串珠(No158) 實心串珠(No157)
10 個
20 個
木串珠混合 綠色(No158) 黃色(No157)
各 1 個
10 個
木串珠（棕色）
10 個
木串珠（淺灰黃色）
骨製串珠

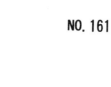

NO. 161

◆材料◆　（使用 TOHO 串珠）

珍珠串珠（圓形 2mm 金屬銀 300）　237 個
珍珠串珠（圓形 4mm 金屬銀 300）　2 個
圓形小串珠（水藍色 112）　26 個
特大串珠（ 4mm 銀色 21 ）　19 個
壓克力串珠
　（圓形 10mm 黑色 α-226 ）　2 個
釦環組（霧面銀 α-500MS ）　1 組
〔圓形彈簧頭、雙孔連接片、接環、線頭夾〕
釣魚線（ 3 號 6-11-3 ）　約 2m50cm

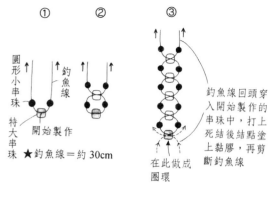

Ａ的作法

① ② ③

圓形小串珠
釣魚線
特大串珠
開始製作
在此做成圈環
★釣魚線＝約 30cm

釣魚線回頭穿入開始製作的串珠中，打上死結後結點塗上黏膠，再剪斷釣魚線

④ ⑤

新的釣魚線
穿入左側的串珠
在此做成圈環
★釣魚線＝約 30cm

和步驟③相同，釣魚線回頭穿入開始製作的串珠中，打上死結後結點塗上黏膠，再剪斷釣魚線。

⑥ ⑦

新的釣魚線
穿入左側的串珠
在此做成圈環
★釣魚線＝約 30cm 。

和步驟③相同，釣魚線回頭再穿入開始製作的串珠中，打上死結後結點塗上黏膠，再剪斷釣魚線。

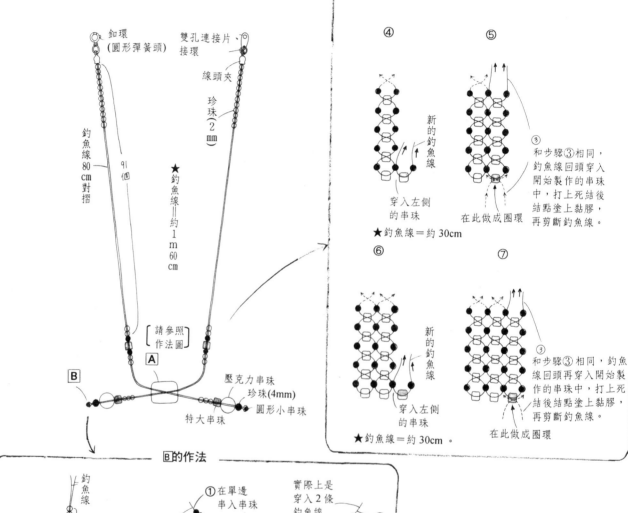

釦環（圓形彈簧頭）
雙孔連接片、接環
線頭夾
珍珠（2mm）

釣魚線 80cm 對摺

91 個

★釣魚線＝約 1m60cm

〔請參照〕作法圖 Ａ

Ｂ

壓克力串珠
珍珠（4mm）
圓形小串珠
特大串珠

Ｂ的作法

釣魚線
珍珠（2mm）
14 個
特大串珠
珍珠（4mm）
壓克力串珠
圓形小串珠
開始製作

① 在單邊串入串珠
釣魚線
特大串珠
14 個
② 穿入 Ａ
實際上是穿入 2 條釣魚線
13 個
珍珠（2mm）
③ 在另一側穿入串珠
14 個　14 個

第 44 頁 142　項鍊長度＝約 40cm
◆材料◆　（使用 TOHO 串珠）
圓形小串珠（藍色 43D ）　　　　4 個
圓形小串珠（霧面黑 49F ）　　190 個
實心串珠（圓形小 銀色 714 ）　64 個
釦環組（霧面銀 α-500MS ）　　1 組
〔圓形彈簧頭、雙孔連接片、接環、線頭夾〕
串珠手藝用繩（黑色 α-705 ）　約 1m

第 44 頁 143　項鍊長度＝約 40cm
◆材料◆　（使用 TOHO 串珠）
圓形小串珠（藍色 43D ）　　　　64 個
圓形小串珠（霧面黑 49F ）　　　4 個
實心串珠（圓形小 銀色 714 ）　190 個
釦環組（霧面銀 α-500MS ）　　1 組
〔圓形彈簧頭、雙孔連接片、接環、線頭夾〕
串珠手藝用線（白色 α-705 ）　約 1m

第 56 頁 170 、項鍊長度＝約 40cm
◆材料◆　（使用 TOHO 串珠）
水晶切割串珠（6mm 黑色 J-52-10 ）　9 個
圓形大串珠（忽藍忽綠 84 ）　　250 個
釦環組（霧面金 α-501MG ）　　　1 組
〔狗鍊形彈簧頭、雙孔連接片、接環、線頭夾〕
T 針（ 22mm 霧面金 α-514MG ）　9 根
釣魚線（ 3 號 6-11-3 ）　　　約 1m80cm

第 61 頁 185　手鍊長度＝約 17cm
◆材料◆　（使用 TOHO 串珠）
水晶切割串珠（8mm 亮面 J-53-11 ）　1 個
特大串珠（ 4mm 霧面紫 6F ）　　7 個
圓形大串珠（淺紫色 110 ）　　297 個
圓形大串珠（紫色 115 ）　　　128 個
圓形小串珠（紫色 115 ）　　　14 個
T 針（ 22mm 霧面銀 α-514MS ）　7 根
接環（圓形 3.8mm
　　霧面銀 α-532MS ）　　　　7 個
釣魚線（ 3 號 6-11-3 ）　　　約 2m90cm

※這項作品的顏色組合是 No143 。
No142 的作品用色，請參考對照表
加以改變。

NO. 142・143

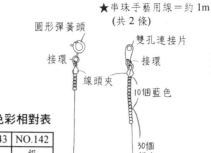

串珠色彩相對表

NO.143	NO.142
藍	銀
銀	黑
黑	藍

NO. 170

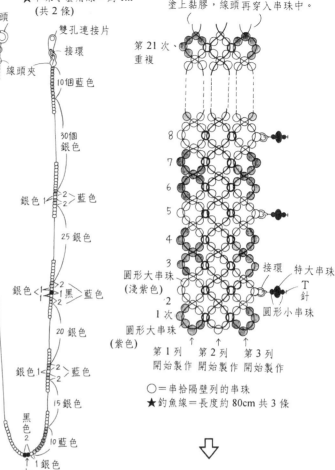

79

第 53 頁 167　項鍊長度＝約 32cm
◆材料◆　（使用 TOHO 串珠）
復古串珠（圓形小 鍍銀 A-81）　　290 個
銜接串珠
　　（切割串珠 6mm 黑色 C-49）　　18 個
竹串珠（6mm 忽綠忽藍 81）　　　34 個
圓形彈簧頭（銀色 9-1-2S）　　　1 組
接環（圓形環 3.8cm 銀色 9-6-4S）　1 個
接環（橢圓形 銀色 9-6-2S）　　　1 個
線頭夾（銀色 9-4-1S）　　　　　2 個
釣魚線（3 號 6-11-3）　　　約 1m30cm
調整鍊（5cm 9-10-1S）　　　　　1 條

第 65 頁 196　長度＝約 73cm
◆材料◆　（使用 TOHO 串珠）
圓形小串珠（黑色 49）　　　　196 個
圓形大串珠（朱紅色 241）　　　20 個
六角形小串珠（忽綠忽藍 85）　140 個
竹串珠（竹製 6mm 紫色 703）　20 個
壓克力串珠（4mm 紅色 J-502-4）　9 個
眼鏡鍊固定環（橡膠 黑色 α-557G）1 組
固定環（金色 α-704G）　　　　　2 個
釣魚線（6 號 6-11-6）　　　　　約 1m

第 65 頁 197　長度＝72cm
◆材料◆　（使用 TOHO 串珠）
圓形小串珠（水藍色 930）　　　420 個
圓形大串珠（水藍色 512）　　　28 個
珍珠（3mm 霧面銀 α-36）　　　33 個
壓克力串珠（6mm 水藍色 J-240-6）6 個
眼鏡鍊固定環
　　（橡膠 半透明 α-558S）　　　1 組
固定環（銀色 α-704S）　　　　　2 個
釣魚線（6 號 6-11-6）　　　　　約 1m

NO. 167

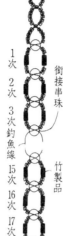

接環（圓形環）
線頭夾
釦環（圓形彈簧頭）

1次
2次
3次
釣魚線
15次
16次
17次

銜接串珠
竹製品
復古串珠

★釣魚線＝約 1m30cm

接環（橢圓形）
調整鍊

NO. 196

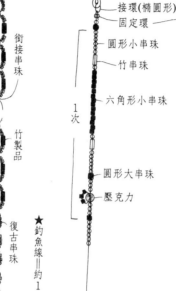

眼鏡鍊用固定環
接環(橢圓形)
固定環
圓形小串珠
竹串珠
六角形小串珠
圓形大串珠
壓克力

1次
9次

釣魚線

★釣魚線的長度＝約 1m

NO. 197

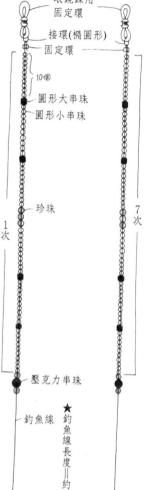

眼鏡鍊用固定環
接環(橢圓形)
固定環
10個
圓形大串珠
圓形小串珠
珍珠
壓克力串珠

1次
7次

釣魚線

★釣魚線長度＝約 1m

第65頁 198　長度＝約70cm
◆材料◆ （使用TOHO串珠）
圓形小串珠（鍍銀黃 22 ）　45個
圓形小串珠（黃綠色 246 ）　352個
實心串珠（圓形大 黃綠色 513F ）　16個
珍珠（棗形 3×6mm 霧面金 α-53 ）　16個
眼鏡鍊用固定環
　（橡膠 半透明 α-558G ）　1組
固定環（金色 α-704G ）　2個
釣魚線（6號 6-11-6 ）　約1m

第65頁 199　長度＝約70cm
◆材料◆ （使用TOHO串珠）
圓形小串珠（水藍色 112 ）　332個
圓形小串珠（水藍色 9 ）　61個
圓形大串珠（水藍色 565 ）　62個
珍珠（2.5mm 霧面銀 α-35 ）　8個
眼鏡鍊用固定環
　（橡膠 半透明 α-558S ）　1組
固定環（銀色 α-704S ）　2個
釣魚線（6號 6-11-6 ）　約1m

第65頁 200　長度＝約73cm
◆材料◆ （使用TOHO串珠）
圓形小串珠（忽藍忽綠 84 ）　152個
圓形小串珠（朱紅色 958 ）　44個
內角小串珠（金色 22 ）　72個
竹製串珠（6mm 綠色 710 ）　46個
四角形串珠（3mm 綠色 710 ）　12個
特大串珠（4mm 忽綠忽藍 84 ）　15個
眼鏡鍊用固定環
　（橡膠 黑色 α-557G ）　1組
固定環（金色 α-704G ）　2個
釣魚線（6號 6-11-6 ）　約1m

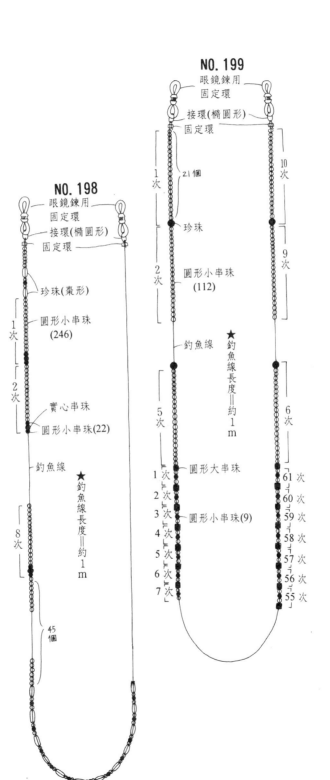

NO. 198
眼鏡鍊用固定環／接環(橢圓形)／固定環／珍珠(棗形)／圓形小串珠(246)／實心串珠／圓形小串珠(22)／釣魚線／★釣魚線長度＝約1m／1次／2次／8次／45個／中央

NO. 199
眼鏡鍊用固定環／接環(橢圓形)／固定環／21個／1次／2次／珍珠／圓形小串珠(112)／釣魚線／★釣魚線長度＝約1m／10次／9次／5次／6次／圓形大串珠／圓形小串珠(9)／1次 2次 3次 4次 5次 6次 7次／55次 56次 57次 58次 59次 60次 61次／中央

NO. 200
眼鏡鍊用固定環／接環(橢圓形)／固定環／四角形串珠／竹製串珠／內角小串珠／圓形小串珠(84)／圓形小串珠(958)／特大串珠／★釣魚線長度＝約1m／1次／4次／中央

◆串珠球的作法◆

♥用 12 個串珠製作

★釣魚線約 30cm

★作法重點★

● 釣魚線先穿過串珠，再用力拉緊。

● 最後釣魚線打 2 次結，結點塗上黏膠，剩下的釣魚線線頭穿入附近的串珠後再剪掉。

① 釣魚線的中央→

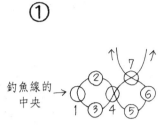

②

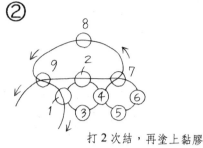

打 2 次結，再塗上黏膠

③

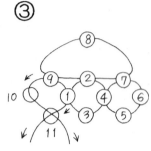

④

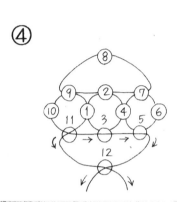

⑤

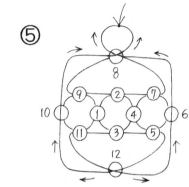

● 從上方看…

♥用 9 個串珠製作

★釣魚線約 25cm

①

釣魚線的中央→

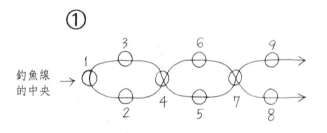

②

打 2 次結，再塗上黏膠。

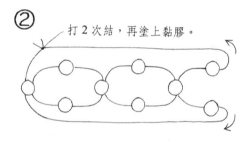

● 從上方看…

♥組合大小串珠

（月牙形串珠 9 個、圓形小串珠 12 個）

①

釣魚線的中央→

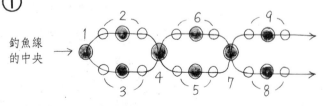

②

打 2 次結，再塗上黏膠

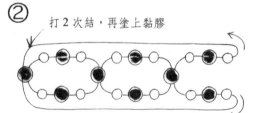

● 從上方看…

編輯人 內藤 朗　　　　地址：台北市中正區 100 開封街一段 19 號　　電話傳真：〇二～二三六一二三三四
發行人 黃成業　　　　　電話：二三一一三八一〇、二三一一三八二三　　法律顧問：蕭雄淋律師
發行所 鴻儒堂出版社　　郵政劃撥：〇一五五三〇〇～一號
行政院新聞局登記證局版台業字第壹貳玖貳號　　中華民國八十九年七月初版　　定　價：250 元
日本ブティック社授權　　版權所有・翻印必究